污染场地修复工程环境监理

王 水 吴海锁 李 冰 曲常胜等 著

科学出版社

北京

内 容 简 介

本书简要介绍了我国场地污染现状及土壤和地下水修复技术，对污染场地修复工程的环境监理进行了详细阐述，包括污染场地修复工程环境监理的基本概念、工作程序、工作内容、工作方法、工作制度以及机构、人员及设施等内容，还包括设计开发的"污染场地修复工程环境监理管理系统"，以及污染场地修复工程环境监理用表。

本书可供与土壤和地下水修复工程相关的环境监理单位、工程监理单位、修复单位、科研及设计机构等的从业人员使用。

图书在版编目（CIP）数据

污染场地修复工程环境监理/王水等著. —北京：科学出版社，2015

ISBN 978-7-03-045586-4

Ⅰ. 污… Ⅱ. 王… Ⅲ. 危险废弃物–场地–环境污染–修复–环境监理–中国 Ⅳ. X705

中国版本图书馆 CIP 数据核字（2015）第 210024 号

责任编辑：张淑晓 宁 倩 / 责任校对：赵桂芬
责任印制：吴兆东 / 封面设计：铭轩堂

科 学 出 版 社 出版
北京东黄城根北街 16 号
邮政编码：100717
http://www.sciencep.com
北京凌奇印刷有限责任公司 印刷
科学出版社发行 各地新华书店经销
*
2015 年 9 月第 一 版 开本：720×1000 1/16
2022 年 1 月第七次印刷 印张：13 1/2
字数：180 000
定价：68.00 元
（如有印装质量问题，我社负责调换）

本书编写委员会

前　言

环境保护部于 2012 年 1 月下发了《关于进一步推进建设项目环境监理试点工作的通知》(环发[2012]5 号文),要求各级环境保护行政主管部门在审批建设项目环境影响评价文件时,应开展建设项目环境监理。全国多数省份及相关管理部门已经有正式的文件启动了环境监理工作,由于污染场地修复工程的环境监理具有与建设项目环境监理不同的特点和要求,主要体现在修复工程处置对象多为可危害健康的污染物,修复工程环境监理工作需要介入修复工程主体,而不仅仅局限在环境达标和环保工程监理等方面。

污染场地修复具有较强的专业性、前沿性,修复技术多样、修复过程复杂、风险和敏感度高,这些因素决定了污染场地修复工程需要制定具有针对性的环境监理程序和方法,而不能简单套用建设项目环境监理技术方法。环境监理单位和人员缺乏系统的技术和管理指导依据,环境监理的形式、程序、方法、内容、工作要点及环境监理的工作制度、监理文件的构成均无标准的规范化要求,成为制约我国污染场地修复治理行业健康发展、保障污染场地再开发利用环境安全的瓶颈。

为规范污染场地修复工程的环境监理工作、提高从业人员的专业水平和技术能力,在江苏省重点环保科研课题"污染场地修复治理工程环境监理技术规范研究"的资助下,江苏省环境科学研究院环境风险与土壤污染控制研究所组织人员就污染场地修复工程环境监理开展了研究工作,并结合我国多地的相关实践经历和管理经验编写了本书。全书共 10

章，主要介绍了我国场地污染现状及主要修复技术、污染场地修复工程环境监理相关知识、工作内容、程序、方法、制度及机构和人员、管理系统、工作用表等。

　　本书的编写得到了江苏省环境保护厅、南京大学、环境保护部南京环境科学研究所、南京市环境保护科学研究院、江苏大地益源环境修复有限公司、北京建工环境修复股份有限公司、北京鼎实环境工程有限公司等单位领导、专家和同行的大力支持，在此表示衷心的感谢。

　　由于时间仓促，书中疏漏之处在所难免，敬请各位专家、读者批评指正。

目　录

第1章 场地污染概述

1.1 土壤与地下水环境特征

1.1.1 土壤环境基本特征

土壤是母质、气候、生物、地形、时间、人类活动等因素复合作用下形成的自然体，是由固（矿物质、生物质、有机质）、液（水分、溶质）、气（空气）三相构成的疏松多孔的复杂结构体。在土壤的形成演化过程中，各成土因素相互影响，相互制约，具有同等的重要性和不可替代性。作为独立、复杂的表生自然体，土壤的基本作用可概括为以下三点。

（1）土壤具有极为重要的生态功能。从圈层的角度来看，其所构成的土壤圈是地球系统的重要组成部分，其处于大气圈、岩石圈、水圈和生物圈的交接部位，是生物多样性最丰富、能量交换和物质循环最活跃的圈层，是连接自然环境中无机界和有机界、生物界和非生物界的纽带。

（2）土壤是人类赖以生存和发展的物质基础。土壤的本质属性和基本特征是具有肥力，这保证了人类能够获取必要的粮食和生产原料，维系着人类的繁衍生息。由于不同条件下各成土因素复杂的相互作用，全球土壤类型分布及其性质呈现出明显的空间差异性，这一空间差异性在农耕文明发展之初一定程度上决定着人类的分布。

（3）土壤是人类生存环境的重要组成要素，是自然环境体系的中心环节。土壤本身具有一定的缓冲能力和相当强大的自然净化能力，土壤的缓冲能力保持了土壤内部各类反应的相对稳定，为植物生长和土壤生物的活动创造了比较适宜的环境；土壤的自然净化能力通过物理过滤、化学反应、生物降解等多种形式实现，这一能力使得土壤可以承载一定量的污染负荷，具备了一定的环境容纳量。需要注意的是，土壤本身的自净能力是有限的，一旦超出了其对污染物的最大容纳量，势必造成污染物的累积，对人类的生存与健康构成潜在威胁。

人类对土壤环境的开发与利用由来已久，起初主要以农业生产活动为主，通过耕耘、灌溉、施用有机肥料等方式改变土壤的保水性、养分循环状况、营养元素组成等基本性质，最终将自然土壤改造成为各种耕作土壤，以确保获得较高的农作物产量。随着社会经济的发展，在步入工业时代乃至信息化时代后，人类对土地的需求日益增加，开发强度不断加大。由于土地开发利用方式较为粗犷、环境监管不足等多方面原因，大量污染物排入土壤中，打破了土壤环境中的自然动态平衡，进而造成了土壤的严重污染。

土壤污染直接关系到人类的生存环境质量，农田土壤污染涉及食品安全问题，城市及其周边工业企业污染场地如不进行修复即进行再开发利用，将对周边居民的人体健康造成极大威胁。因此，以保持土壤基本特性、恢复土壤基本功能、维护土壤资源可持续利用为原则，因地制宜地开展土壤污染防治工作势在必行。

1.1.2 地下水环境基本特征

地下水为赋存于地面以下岩石空隙中的水，其不仅是水资源的重要组成部分，同时还是复杂的生态环境系统中的一个敏感的子系统，是极其重要的生态环境因子。

地下水形成于不同深度、不同类型的地层之中，依据其含水介质类型，可分为孔隙水、裂隙水和岩溶水。

（1）孔隙水一般赋存于第四系与部分第三系未胶结或半胶结的松散沉积物颗粒构成的孔隙网络之中，在松散岩层中，孔隙分布连续均匀，其所形成的孔隙含水层具有统一的水力联系，水量分布均匀。

（2）裂隙水储存并运移于裂隙基岩，由于岩层裂隙率较低，地下水赋存空间有限且裂隙通道的展布具有明显的方向性，相较于孔隙水，裂隙水的不均匀性和各向异性更为显著。

（3）岩溶水赋存并运移于岩溶化岩层中，岩溶水与可溶性岩溶介质间的相互作用造成了岩溶含水介质的多级次性与强烈的非均质性，导致岩溶水水量分布极不均匀。岩溶水宏观上呈现统一的水力联系，但在局部上水力联系程度差异较大。

岩层按其渗透性可分为透水层与不透水层。饱含水的透水层便是含水层，不透水层通常称为隔水层。含水层、隔水层的划分具有相对性，与地下水利用实际意义、时间尺度、过水断面大小等因素密切相关。依照含水层在地质剖面中所处的部位及受隔水层（弱透水层）限制的情况，地下水可被分为上层滞水、潜水、承压水。需要注意的是，自然界中各埋藏条件下的地下水的界线并不像定义中那样明确，往往存在着各种过渡与转化的状态，并非固定不变。

（1）上层滞水为包气带中局部黏性土隔水层上季节性存在的重力水，受大气降雨补给，通过蒸发或向下渗透进行排泄。包气带中的上层滞水与潜水联系紧密，对其下部潜水的补给与蒸发排泄，起到一定的滞后调节作用。同时，由于其最为接近地表，极易受到外源性污染，一旦污染，如未及时处理，将进一步影响潜水含水层的水质。

（2）潜水为饱水带中第一个具有自由表面的含水层中的水。潜水含水层无隔水顶板或只有局部存在隔水顶板，与包气带直接连通，在其整个分布范围内均可通过包气带接受大气降水及地表水体的补给，并通过流入其他含水层、蒸发或蒸腾进入大气、径流至地表低洼处泄入地表水圈三种方式进行排泄。由于潜水位置相对较浅，且在整个水循环过程中较为活跃，其受到人为污染的可能性较大。

（3）承压水为充满于两个隔水层（弱透水层）之间的含水层中的水，其主要特征为具有承压性，即含水层内的水承受除大气压强以外的附加压强，如出露区地下水静水压力。承压含水层主要通过出露于地表的补给区接受大气降水、地表水入渗等多种形式得到补给，并通过范围有限的排泄区以泉或其他径流形式进行排泄。同时在水力梯度的驱动下，深埋于隔水层（弱透水层）之间的承压含水层部分可能通过越流的方式从上、下相邻含水层获取补给或进行排泄。相较于潜水而言，由于承压水顶部隔水层（弱透水层）的存在，承压水受气象、水文等因素的影响较小，动态比较稳定，防污性能良好。由于承压水循环缓慢，一旦受到人为污染，其再净化所需成本极高，达到预期效果所需时间较长。

依据循环更新特性，地下水常被划分为浅层地下水和深层承压水。浅层地下水积极参与现代陆地水循环，在循环交替过程中不断接受补给、不断更新，其水质和水量与各种自然因素和人为因素联系密切，通常包括潜水、埋深较浅的承压水，是污染场地调查与修复过程中关注的重点；深层承压水相对于浅层地下水而言，储存环境相对封闭，循环更新较为缓慢，其赋存深度的确定因地而异，因不同研究目的而定。对于深层承压水来说，关注的重点为其供水意义，一旦开发利用方式不当，其水量损失与水质污染几乎是不可逆的。

与地表水类似，地下水的赋存与流动同样具有系统性，地下水系统可分为地下水含水系统和地下水流动系统。地下水含水系统主要受地质结构的控制，通常以隔水或相对隔水的岩层作为边界，是一个独立而统一的水均衡单元，具有统一的水力联系；地下水流动系统以流面为边界，沿着水流方向，盐量、热量与水量发生有规律的演变，呈现统一的时空有序结构。地下水含水系统是含水层概念的延伸与扩大，而地下水流动系统是解决水质时空演变问题的有效工具。在资料充足的前提下，结合区域及场地水文地质资料，分析污染区域所处地下水流动系统级次及其所在部位（补给区或排泄区），进而有针对性地选择修复技术，将有效节省修复成本，提高修复效率，起到事半功倍的效果。

1.2　土壤与地下水污染来源

1.2.1　土壤和地下水环境污染的基本特征

自然条件下土壤、地下水环境为多介质、多界面、多组分混杂而成的复杂体系，表现出明显的非均质性和各向异性，这使得土壤、地下水环境污染有别于其他类型的环境污染，具体表现为以下特征。

1）隐蔽性和滞后性

土壤、地下水污染多数情况下并不直观，无法通过感官进行有效的判定，其污染与否及污染程度需要借助专业工具进行采样，并依据样品实验室分析数据进行判断，某些时候还需结合生物毒性试验等手段，过程纷繁复杂。同时，污染土壤和地下水对于人体的影响往往是一个慢性积累的过程，潜移默化、不易察觉。

2）累积性和地域性

相较于大气与地表水体，污染物在土壤介质和地下水含水介质中的扩散与运移更为缓慢，其运移范围很大程度上受控于地层岩性等因素，表现为明显的累积性和地域性。例如，在以黏土层为主、地下水径流缓慢的区域，由于土层性质、地下径流条件以及可能存在的污染物与介质间吸附-解吸等作用的影响，污染物实际运移范围有限，与污染源区有较大重叠，同时浓度不断叠加。

3）不可逆转性

土壤介质和地下水含水介质具有自净化能力，可以承载一定的污染负荷，然而，一旦所负担的污染物超出其承受范围，对于土壤、地下水环境所造成的污染就几乎变为了一个不可逆转的过程。即使切断污染源，短时间内已污染部分也无法通过自然界自身的调节作用恢复其基本功能。

4）修复治理的复杂性

土壤、地下水环境一旦污染，大多数情况下需要进行人为干预，对其进行修复治理。由于该类型污染的复杂性和不确定性较大、修复技术难度较大、成本较高、周期较长，对于修复治理实施后的修复效果难以保证，某些情况下可能出现反复，不得不再次进行治理，耗费大量人力物力。

1.2.2　土壤环境污染来源

土壤环境污染的发生往往是多种因素综合作用的结果。对于受污染土壤来说，污染源可能同时包含点源和面源，各类污染源作用程度有所不同。土壤环境污染源可归纳总结为以下类型。

1）工业污染源

工矿业生产过程中废水、废气的无序排放及废渣的不当处置是造成土壤污染的重要原因。生产区域内储罐、污水池等储存设施如维护不当，可能发生泄漏，成为长期不被人发现的连续性污染源。如发生类似有机溶剂大量泄漏等生产安全事故，应急处置不当便极易造成严重污染。企业关停或搬迁时，对生产设备、储罐等设施的拆除过程中的不规范作业，可能造成污染物外泄，污染所在区域的土壤。

2）农业污染源

粗犷的农业生产方式直接导致农田土壤环境的恶化乃至污染。施用化肥是保证农作物产量的有效措施，但大面积、大批量地施用化肥会对耕地土壤自身结构和性质造成较为严重的破坏，降低耕地质量，适得其反；农药中包含大量有毒有害物质，不合理地施用农药将使得耕地土壤中残留较多的农药组分，导致农作物吸收土壤中的残留农药并通过食物链逐步累积直至进入人体，直接威胁人体健康；未经处理达标的生活污水及工业污水若直接用于耕地灌溉，极易造成耕地的大面积污染；农业生产过程中广泛使用各种地膜、塑料薄膜，如管理回收措施不到位，将造成耕地的"白色"污染。

3）生活污染源

居民日常生活中所排放的生活污水、科研院所排放的试验废水等均含有一定量的成分复杂的污染物质，若处置不当也会成为土壤污染源之一。生活垃圾同样不容忽视，露天垃圾堆及城市垃圾填埋场是生活垃圾最为集中的区域，也是土壤-地下水污染最为严重的区域之一。露天垃圾堆的设置通常较为随意，没有任何衬垫层或渗滤液收集系统；多数老旧垃圾填埋场同样如此，往往仅在填埋垃圾废弃物的简易大坑上覆盖一层泥土。在这种无防渗的情况下，生活垃圾所产生的渗漏液直接威胁着周边的土壤-地下水环境。

4）大气污染源

随着火电厂二氧化硫和氮氧化物的大量排放，以及机动车尾气排放量的日益增加，大量酸性气体污染物随酸雨降落进入土壤，在一定程度上加重了土壤酸度。土壤酸化加剧，不仅会加速营养元素流失，也会促进部分重金属元素活化，为重金属污染积累创造条件。同时，工业废气中含重金属的粒状浮游物质、含氟废气、核试验产生的放射性尘埃等随降雨降尘进入土壤，也将对土壤造成一定污染，但这种污染通常情况下仅限于土壤表层。

5）其他污染源

土壤污染源极为复杂，涉及人类生产生活中的方方面面，包含诸多因素。某些特定部门的日常行为、高新技术的应用、突发性安全事故的发生同样有可能对所属区域的土壤-地下水环境产生较大影响，以下列举几个方面的例子。

军队在其日常训练过程中消耗大量油品，产生大量固体废弃物。其军事基地中废弃物堆放场所及油品储存场所可能存在较大的环境污染隐患。

核工业在利用核能造福人类的同时，也成了目前放射性污染物的主要来源。核废料的处置不当将对周边环境造成极大影响，直接危害人类生存健康。此外，核武器试验、核电站爆炸事故对环境及人类生存所造成的影响更是难以预估。

城市及周边的石油、天然气等输送管线可能由于设备老化等原因，或多或少地出现泄漏问题，对经过区域的土壤-地下水环境造成污染。

部分地区由于纬度较高，冰雪天气较多，下雪后需在公路地段使用除冰盐，除冰盐中主要成分为氯化钠，但为提升处理效果，可能加入亚铁氰化钠和亚铁氰化铁等添加剂，如使用不当，将对道路两旁的土壤造成污染。

1.2.3　地下水环境污染来源

地下水污染是由于人为因素造成地下水水质不断恶化的现象。1984 年美国国会技术评估办公室（Office of Technology Assessment，OTA）出版了一份名为《保护国家地下水免受污染》（Protecting the Nations Groundwater from Contamination）的报告，报告中将地下水污染的来源分为了六大类（表1-1）。

表1-1　地下水污染源

类别	名称	污染源
Ⅰ类	排放设施	化粪池、污水池、深井灌入等 将生活污水或工业废水喷灌至耕地
Ⅱ类	储存、处理或处置设施	垃圾填埋场、露天垃圾场、地表蓄水池、尾矿废料、矸石山、地上储罐、地下储罐、放射性废物掩埋场
Ⅲ类	物料传输设备	石油、天然气、污水等输送管线，物料运送过程中的跑、冒、滴、漏及事故处置
Ⅳ类	其他有计划的排放源	农业灌溉，农药和化肥的使用，动物的饲养，除冰盐的使用，露天矿山开发雨水渗漏，矿坑排水等
Ⅴ类	为污染物进入地下水提供通道	生产井（石油、天然气开采井、地下水开采井等），监测井及勘探钻孔，土石方工程
Ⅵ类	人类活动导致或加速的天然排放	地下水、地表水相互补给、排泄，自然淋滤，咸水入侵

从表1-1中可以看出，地下水污染源涵盖了土壤污染源的所有类型，两者有着较强的一致性。土壤中的污染物经过包气带进入地下水是导致地下水污染的主要方式之一，主要通过间歇性入渗和连续性入渗两种形式实现。

间歇性入渗的特点是污染物通过大气降水或灌溉水的淋滤，使固体废物、表层土壤或地层中的有毒或有害物质周期性（灌溉旱田、降雨时）地从污染源通过包气带土层渗入含水层，这种渗入方式一般是呈非饱水状态的淋雨状渗流形式，或者呈短时间的饱水状态连续渗流形式；连续性入渗的特点是污染物随各种液体废弃物不断地经包气带渗入含水层，在这种入渗情形下包气带可能完全饱水，呈连续渗流的状态，或者其上部的表层完全饱水，而其下部（下包气带）呈非饱水的淋浴状的渗流形式渗入含水层。无论哪一种入渗形式，所污染的主要含水层均为潜水含水层，污染物入渗量的多少均取决于包气带地层结构、物质组成、厚度等基本因素。

污染物向更深层次的地下水含水层的扩散主要依靠天然途径（越流、天窗，如弱透水层缺失区），或者人为途径（地下水开采井、勘探井等）进行。同时，如果污染源处于含水层补给区，污染物可随地下水径流进入补给的含水层。

1.3 我国土壤与地下水污染现状

1.3.1 我国土壤污染现状

1. 土壤污染现状

2007 年 5 月，我国启动第一次全国污染源普查。2014 年 4 月，环境保护部、国土资源部公布了我国土壤污染状况调查结果，结果显示全国土壤环境状况总体不容乐观，部分地区土壤污染较重，耕地土壤环境质量堪忧，工矿业废弃地土壤环境问题突出。工矿业、农业等人为活动以及土壤环境背景值高是造成土壤污染或超标的主要原因。

全国土壤的总超标率为 16.1%，其中轻微、轻度、中度和重度污染点位的比例分别为 11.2%、2.3%、1.5%和 1.1%。污染类型以无机型为主，有机型次之，复合型污染比重较小，无机污染物超标点位数占全部超标点位的 82.8%；其中，主要污染物包括镉、汞、砷、铜、铅、铬、锌、镍 8 种无机污染物以及六六六（六氯环己烷）、滴滴涕（双对氯苯基三氯乙烷）、多环芳烃 3 类有机污染物（图 1-1）。

从污染分布情况看，南方土壤污染重于北方；长江三角洲、珠江三角洲、东北老工业基地等部分区域土壤污染问题较为突出；西南、中南地区土壤重金属超标范围较大；镉、汞、砷、铅 4 种无机污染物含量分布呈现从西北到东南、从东北到西南方向逐渐升高的态势。此外，不同土地利用类型的土壤和典型地块及周边土壤的点位超标率也各有不同（图 1-2）。

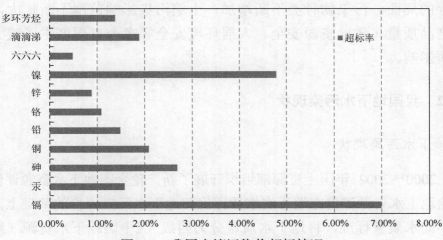

图 1-1　我国土壤污染物超标情况

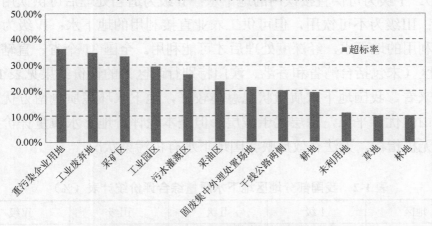

图 1-2　我国不同用地类型土壤超标情况

2. 土壤污染变化趋势

据近十几年土壤环境质量变化情况的不完全统计分析，初步判断我国土壤污染的趋势为：社会经济的快速发展给土壤环境带来高强度负荷，土壤污染源由点状、条带状向面上扩散，污染源已由 20 世纪 80 年代前的以农业污染为主转为工业污染、农业污染等多种污染源类型并存的局面。污染物种类不断增加，土壤污染影响范围不断扩大，对农产品质量、耕地资源安全、人居环境安全等多个方面产生了较大的负面影响。

1.3.2 我国地下水污染现状

1. 地下水污染现状

2000～2002 年国土资源部组织开展了新一轮全国地下水资源评价，该轮地下水资源评价在地下水水质评价和地下水污染评价的基础上，参照不同水质标准，将地下水质量分为四级（《中国地下水资源（综合卷）》）：Ⅰ级为可供直接饮用的地下水；Ⅱ级为适当处理后可供饮用的地下水；Ⅲ级为不可饮用，但可供工农业直接利用的地下水；Ⅳ级为不可直接利用的地下水，经深度处理后才可能利用。全国 31 个省、直辖市、自治区（未包括台湾省和香港、澳门特别行政区）的评价结果见表 1-2。综合来看，我国地下水质量状况总体较好，地下水环境质量南方优于北方，山区优于平原，深层优于浅层。但是本轮评价地下水质量评价指标均为无机指标，无法有效反映我国地下水有机污染状况。

表 1-2 我国部分地区地下水质量综合评价统计表（%）

地区	Ⅰ级	Ⅱ级	Ⅲ级	Ⅳ级
北京	88.20	9.50	1.20	1.20
天津	12.40	35.30	30.60	21.70
河北	62.70	15.10	15.00	7.20
山西	82.10	7.20	10.40	0.30
内蒙古	58.90	22.70	9.00	9.40

续表

地区	I级	II级	III级	IV级
辽宁	68.30	19.70	7.50	4.50
吉林	67.90	11.10	3.40	17.60
黑龙江	80.50	15.50	3.90	0.10
上海	91.30	0.00	0.00	8.70
江苏	25.30	44.20	18.90	11.50
浙江	89.90	0.80	5.90	3.40
安徽	52.30	31.30	9.90	6.50
福建	93.60	3.90	0.90	1.60
江西	99.60	0.40	0.00	0.00
山东	51.80	18.80	21.80	7.70
河南	43.60	48.30	7.30	0.80
湖北	71.00	22.60	6.50	0.00
湖南	65.30	31.20	3.20	0.30
广东	56.80	39.10	0.60	3.50
海南	97.70	2.10	0.00	0.20
重庆	62.90	33.90	1.30	1.90
广西	86.50	10.90	2.40	0.20
四川	95.30	1.10	3.20	0.50
贵州	95.30	4.70	0.00	0.00
云南	96.80	1.30	0.10	1.80
西藏	46.80	26.40	26.80	0.00
陕西	72.70	18.90	7.40	1.00
甘肃	52.70	19.90	19.10	8.20
青海	71.80	16.60	0.00	11.60
宁夏	7.60	19.40	48.80	24.30
新疆	42.70	12.50	23.30	21.40

为探明我国地下水污染基本状况，2005 年至 2009 年年底，国土资源部先后开展了珠江三角洲、长江三角洲、淮河流域平原区、华北平原等区域地下水污染调查评价工作，调查结果显示调查区域主要城市及近郊地区地下水中普遍检测出有毒微量有机污染指标。《全国城市饮用水安全保障规划（2006—2020 年）》调查数据显示，全国近 20% 的城市集中式地下水水源水质劣于III类（《地下水质量标准》GB/T 14848-93）。部分城市饮用水水源水质超标因子除常规化学指标外，甚至出现了致癌、致畸、致突变污染指标。由此可见，我国地下水污染防控形势严峻，开展污染地下水修复治理工作迫在眉睫。

2. 地下水污染变化趋势

据近十几年地下水水质变化情况的不完全统计分析，初步判断我国地下水污染的趋势为：由点状、条带状向面上扩散，由浅层向深层渗透，由城市向周边蔓延。南方地区地下水环境质量变化趋势以保持相对稳定为主，地下水污染主要发生在城市及其周边地区。北方地区地下水环境质量变化趋势以下降为主，其中，华北地区地下水环境质量进一步恶化；西北地区地下水环境质量总体保持稳定，局部有所恶化，特别是大中城市及其周边地区、农业开发区地下水污染不断加重；东北地区地下水环境质量以下降为主，大中城市及其周边和农业开发区污染有所加重，地下水污染从城市向周围蔓延。在这一态势下，如何有效遏制地下水水质恶化趋势，控制地下水污染源，是构建地下水污染防治体系所需解决的首要问题。

1.4 我国污染场地修复工程开展现状

近年来，随着城市化进程的加快以及产业结构调整的深入推进，大量工业企业被关停并转、破产或搬迁（表 1-3），遗留的污染场地作为城市建设用地被再次开发利用。这些场地存在环境隐患突出、人群健康威胁大等问题，引起政府的重视并引发媒体和公众的强烈关注。

表 1-3 近年来我国部分地区工业企业搬迁情况

地区	工业企业搬迁情况
北京	四环内百余家污染企业搬迁，800 万 m^2 工业用地再开发
重庆	2010 年主城区的上百家污染企业实施"环保搬迁"
广州	2007 年以来上百家大型工业企业关闭、停产和搬迁
上海	2000～2012 年，完成约 4000 个污染企业或生产线的关停调整
沈阳	2008 年数十家污染企业搬迁； 2009 年搬迁改造城区内所有重污染企业
江苏	6000 余家化工企业搬迁，涉重金属企业已关闭近 500 家
浙江	2005 年以来有数十家大型企业异地重建或关闭
福建	多市城区污染工业企业搬迁入园
安徽	2010 年城区重点工业企业退城进园整体搬迁

全国土壤污染状况调查和长江三角洲等多个地区的地下水污染调查评价结果显示，我国土壤、地下水污染较为普遍，由此带来的土壤及地下水环境安全问题日益突显，污染防治及其风险控制问题亟须解决。

近年来，国家日益重视场地污染防治与风险控制问题。2007 年 11 月，国家环境保护总局（现环境保护部）和卫生部联合发布了《国家环境与健康行动计划》（2007-2015），将针对环境状况开展全国范围内的环境调查，获取更多污染源与风险源的准确信息，建立完善环境健康危害诊疗和监测制度，推动健康风险控制。2011 年 2 月，国务院批复《重金属污染综合防治"十二五"规划》（国函[2011]13 号），要求围绕重点区域、重点企业和重要历史遗留污染问题，开展全国重金属污染场地环境调查与修复治理。2012 年 11 月，环境保护部、工业和信息化部、国土资源部、住房和城乡建设部联合印发《关于保障工业企业场地再开发利用环境安全的通知》（环发[2012]140 号），要求组织开展工业企业场地环境调查和风险评估，开展被污染场地治理修复，被污染场地未经治理修复的，禁止再次进行开发利用。

在新形势下，我国政府稳步推进土壤、地下水环境保护和综合治理工作，积极开展重点地区污染场地修复工作。重点围绕大中城市周边、重污染工矿企业、集中治污设施周边、重金属污染防治重点区域、饮用水水源地周边、废弃物堆存场地等典型污染场地和受污染农田，开展污染场地、土壤污染治理与修复试点示范；选取典型工业固体废物堆存场地、垃圾填埋场、矿山开采场地、石油化工行业生产（包括勘探开发、加工、储运和销售）等场地，开展地下水污染修复示范工程。

2004 年发生于北京市宋家庄地铁工程施工现场的工人中毒事件拉开了污染场地修复的序幕，自此污染场地修复产业悄然形成，市场不断拓展，方兴未艾。近年来，随着国家和地方政府、社会公众的日益重视，以及资金投入的不断加大，国内污染场地修复工程的数量、规模呈现上升态势。

江苏省作为我国经济社会发展水平最高的地区之一，在污染场地修复治理方面也走在全国前列。现以江苏省为例，通过对江苏省内修复工程实施现状的详细剖析，进一步延伸出我国污染场地修复工程的主要特征和需求。

自 2006 年以来，江苏省已连续开展三轮化工生产企业专项整治工作，累计搬迁化工企业 6000 余家。目前江苏省内各县市已针对数百个潜在污染场地开展排查，并完成了 150 余处污染场地的环境调查工作，主要涉及化工、农药、金属冶炼等多个行业，其中有机污染场地占 63%，涉重污染场地占 29%。

近年来，江苏省内共开展 45 项污染场地修复工程，主要集中在苏南地区，包括南京（10 项）、常州（14 项）、无锡（4 项）、苏州（11 项）、南通（3 项）、扬州（2 项）以及徐州（1 项）。已开展的工程中，化工遗留场地修复工程居多（约占 70%），涉及重金属污染场地修复工程近 10 项。环境保护部公布的第一批污染场地修复技术目录共有 15 项修复技术，现已有 13 项土壤、地下水修复技术在江苏省内开展了修复工程实例应用（图 1-3），修复方式多以异位修复为主，部分修复工程依据场地特点分区域使用不同的修复技术。

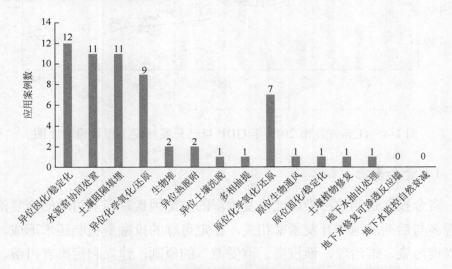

图 1-3　江苏省已开展修复工程所采用的修复技术类型

污染场地修复工程对资金量的要求较高，已开展污染场地修复工程的 7 个省辖市 GDP 在江苏省内处于领先位置（图 1-4），这一数据一定程度上揭示了污染场地修复工程与地区经济发展水平间的关联性，即经济发达地区有实力、有能力率先开展污染场地修复工作，同时也间接反映出积极拓宽污染场地修复工程资金渠道、合理引导和鼓励社会资金投入的重要性。

结合江苏省及其他省份修复工程的开展情况，仅就修复工程而言，其开展在我国主要面临着以下三大问题。

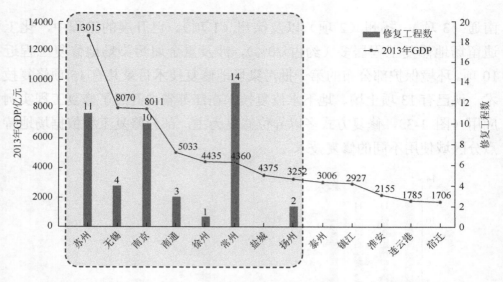

图 1-4　江苏省各市 2013 年 GDP 与已开展修复工程数量对比图

1）资金来源

资金投入是制约污染场地修复治理的关键因素。当前启动的修复治理工程多与后期房地产开发紧密相关，稳定可靠的投融资机制还未形成。按照"谁污染、谁治理，谁投资、谁受益"的原则，建立起污染者付费、引导和鼓励社会资金参与土壤污染防治的融资机制是未来的努力方向之一。

2）修复技术的本土化

土壤修复技术的选择需要适应污染场地的污染特征、环境特征以及如何更好地满足业主的要求。目前我国已开展修复的工业遗留场地大多位于市区，具有巨大的商业开发价值和潜力，这也导致污染场地修复周期被大幅度缩短。我国土壤修复技术研究尚未形成体系，多数为"拿来主义"，缺乏自主创新；同时由于我国幅员辽阔，不同地区地质环境差异较大，所引进的技术的适用性可能大打折扣。因此，在详细剖析国外成熟工程经验、修复技术的基础上，针对相关技术进行本土化创新和改进，以适应国内修复要求（工期、修复目标等）和场地环境（土壤成分、地下水埋深等）等要求是非常有必要的。

3）修复工程质量

鉴于修复工程的特殊性，其工程质量问题直接关系到场地的再开发利用。对污染场地修复过程开展监管能够有效保障修复质量、避免二次污染等问题，而目前在我国，污染场地修复工程环境监理尚属于新生事物，处于无规范、无约束的初级阶段。随着人们对污染场地问题的日益重视，污染场地修复工程数量呈现上升的态势，在这一趋势下，探索制定污染场地修复工程环境监理技术规范迫在眉睫。

第2章　污染场地土壤及地下水修复技术

2.1　土壤修复技术

2.1.1　物理化学修复技术

1. 土壤固化/稳定化

1）技术介绍

土壤固化/稳定化（solidification/stabilization，S/S）修复技术指运用物理或化学的方法将土壤中的有害污染物固定起来，或者将污染物转化成化学性质不活泼的形态，阻止其在环境中的迁移、扩散等过程，从而降低污染物质的毒害程度的修复技术。

虽然固化和稳定化这两个专业术语常结合使用，但是它们具有不同的含义。根据美国国家环境保护局（USEPA）的定义，固化技术指将污染物囊封入惰性基材中，或在污染物外面加上低渗透性材料，通过减少污染物暴露的淋滤面积达到限制污染物迁移的目的。将粒径细小的污染物固定化称为微囊化（microencapsulation），将粒径较大的污染物固定化称为巨囊化（macroencapsulation）。稳定化指从污染物的有效性出发，通过形态转化，将污染物转化为不易溶解、迁移能力或毒性更低的形式来实现无害化，以降低其对生态系统的危害风险。在实际修复实践中固化和稳定化过程一般同时存在。

该技术修复原理为：将一定配比的固化/稳定化试剂加入并与土壤

混匀，通过固化/稳定化试剂对被处理物质的吸附、络合和螯合等作用，使污染物质固定在固体块中，并达到化学性质的稳定。固化/稳定化一般分为原位固化/稳定化和异位固化/稳定化，其操作流程示意图如图 2-1 和图 2-2 所示。

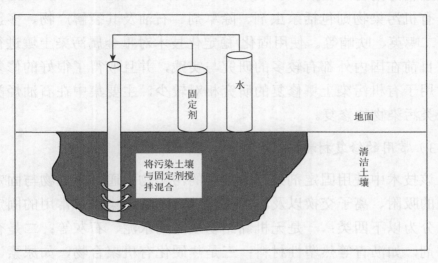

图 2-1　原位固化/稳定化土壤修复技术操作示意图

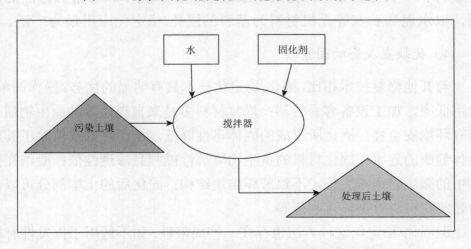

图 2-2　异位固化/稳定化土壤修复技术操作示意图

2）适用范围

固化/稳定化技术能够有效地应用于多种污染类型的修复，包括土壤、淤泥、固体废弃物中的有机和无机污染物。无机污染物主要是指各类金属污染物，包括 As、Cr、Cd、Cu、Pb、Hg、Ni、Se、Sb、Zn等；有机污染物则包括杀虫剂、除草剂、石油及其裂解产物、多氯联苯、二噁英、呋喃等。使用固化/稳定化技术对重金属污染土壤进行修复，目前在国内外都有较多的研究与实践，并且取得了很好的修复效果；用于有机污染土壤修复的研究相对较少，主要集中在石油烃类和苯酚类污染物的修复。

3）常用的修复材料

该技术中使用固定剂处理土壤中的污染物，通过污染物与固定剂之间的吸附、离子交换以及沉淀作用锁定土壤污染物。常用的固定剂可以分为以下四类：一是无机黏结物质，如水泥、石灰等；二是有机黏结剂，如沥青等热塑性材料；三是热硬化有机聚合物，如尿素、酚醛塑料和环氧化物等；四是玻璃质物质。由于技术和费用等方面的原因，以水泥和石灰等无机材料为基料的固化/稳定化应用最为广泛。

4）优缺点及影响因素

与其他修复技术相比,固化/稳定化技术具有明显的优势：操作简单，费用低廉，加工设备容易转移；修复材料多是来自自然界的原生物质，具有环境安全性；固化所形成的固体毒性降低，从而降低或消除了其对人体健康的危害；固化材料的抗生物降解性能强且渗透性低；凝结在固体中的微生物很难生长，不致破坏结块结构；固化后的土壤部分可以作为建筑材料进行循环再利用等。

但固化/稳定化这种方法也存在一些局限性，如不适用于挥发性有机化合物和以污染物总量为验收目标的修复项目；异位固化/稳定化修复过程中，当需要添加较多的固化/稳定剂时，对土壤的增容效应较大，会显著增加后续土壤处置费用；有机物质的存在可能会影响黏结剂作用的发挥；原位固化/稳定化修复过程中，污染物埋藏深度会影响、限制一些具体的应用过程，黏结剂的输送和混合要比异位固化过程困难，成本相对也高；修复后的残留物需要进行后续处理等。

影响土壤固化/稳定化修复效果的因素很多，污染土壤的理化性质、固定剂品种与用量、水分含量、混合工艺和养护条件等因素均对固化/稳定化修复效果有很大的影响。

5）应用情况

国外已经形成了较完善的技术体系，应用广泛。美国、英国等国家率先开展了污染土壤的固化/稳定化研究，并制订了相应的技术导则。根据美国国家环境保护局 2010 年的土地修复项目报告显示，2005～2008年的"超级基金"场地修复项目中，使用固化/稳定化技术的项目数约占总数的 21%，其中原位固化/稳定化修复占 7%，异位固化/稳定化修复占14%。

固化/稳定化作为技术成熟、效果良好的修复方法，在我国的土壤修复中必然具有广泛的应用前景，而我国目前对于土壤修复技术方法的研究主要停留在实验室研究和试点修复阶段，大范围的场地应用较少，推广应用固化/稳定化技术要结合我国土壤污染的实地情况，进行适应性调整。

6）修复周期及参考成本

异位固化/稳定化土壤修复日处理能力通常为 100～1200 m³。USEPA数据显示，对于小型场地（765 m³）处理成本为 160～245 美元/m³，对于大型场地（38 228 m³）处理成本为 90～190 美元/m³；国内处理成本一般为 500～1500 元人民币/m³。

原位固化/稳定化土壤修复周期一般为 3～6 个月。根据 USEPA 数据显示，应用于浅层污染介质的处理成本为 50～80 美元/m³，应用于深层的处理成本为 195～330 美元/m³。

2. 土壤淋洗

1）技术介绍

土壤淋洗（soil leaching and flushing/washing）是指借助能促进土壤环境中污染物溶解或迁移作用的溶剂，通过水力压头推动清洗液，将其注入被污染土层中，然后把包含有污染物的液体从土层中抽提出来，进行分离和污水处理的技术。

土壤淋洗的作用机制在于利用淋洗液或化学助剂与土壤中的污染物结合，并通过淋洗液的解吸、螯合、溶解或固定等化学作用，达到修复污染土壤的目的。主要通过以下两种方式去除污染物：①以淋洗液溶解液相、吸附相或气相污染物；②利用冲洗水力带走土壤孔隙中或吸附于土壤中的污染物。

土壤淋洗法的适用范围广，可有效处理的污染物包括重金属、放射性核素、氰化物、石油及其裂解产物、半挥发性有机物和农药等。

2）土壤淋洗主要形式

根据修复的场所不同，通常将土壤淋洗法分为原位淋洗（*in situ* remediation through soil flushing）和异位淋洗（*ex situ* remediation through soil flushing），异位淋洗又可分为现场修复和离场修复。原位淋洗和异位淋洗的修复原理和方式基本相同，区别主要在于修复场所的不同。

原位化学淋洗技术主要用于去除弱透水层以上的吸附态污染物，包括重金属、易挥发卤代有机物和非卤代有机物。在原位修复时，主要根据污染物分布的深度，让淋洗液在重力或外力的作用下流过污染土壤，使污染物从土壤中迁移出来，并利用抽提井或采用挖沟的办法收集洗脱液。洗脱液中的污染物经合理处置后，淋洗液可以进行回用或达标排放，处理后的土壤可以再安全利用，原位土壤淋洗技术操作流程示意图如图 2-3 所示。原位土壤淋洗主要适用于渗透性较好、孔隙多的土壤，具有长效性、易操作性，并且适合治理的污染物范围很广，如含重金属、非卤代有机物和易挥发卤代有机物的土壤。

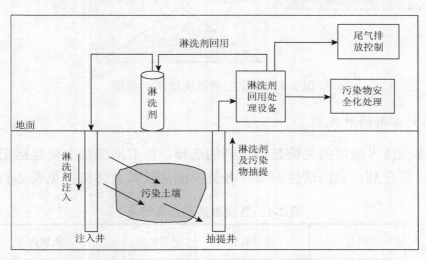

图 2-3　原位土壤淋洗技术示意图

异位化学淋洗技术是指先将土壤从污染区域挖掘出来后进行预处理，再将土壤与淋洗剂投入淋洗设备进行深度洗涤，通过土液分离等手段，分离并安全化处置含有污染物质的淋洗剂，最后将修复后的土壤置于恰当的位置，达到清除土壤中污染物质的方法。土壤淋洗法异位修复主要步骤如图 2-4 所示。异位化学淋洗技术适用于被重金属、放射性核素、石油烃类、挥发性有机污染物、多氯联苯和多环芳烃等污染的土壤。该技术对于大粒径级别污染土壤的修复更为有效，砂砾、沙、细沙以及类似土壤中的污染物更容易被清洗出来，而黏土中的污染物则较难清洗，一般来讲，当土壤中黏土含量达到 25%～30%时，将不考虑采用该技术。

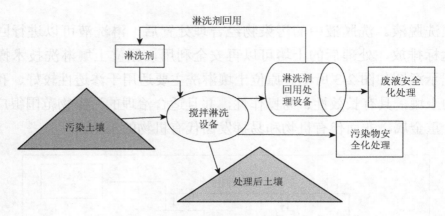

图 2-4 异位土壤淋洗技术示意图

3）常用的淋洗剂

淋洗技术应用的关键是淋洗剂的选择，目前淋洗剂主要包括无机淋洗剂、螯合剂、表面活性剂等，各类淋洗剂及其具体情况见表 2-1。

表 2-1 各类淋洗剂及其特点

淋洗剂分类		组成	作用机制	适用范围	优缺点
无机淋洗剂		水、酸、碱、盐等无机化合物	通过酸解、络合或离子交换作用来破坏土壤表面官能团与重金属形成的络合物，从而将重金属交换解吸下来，进而从土壤中溶出	主要用于淋洗土壤中的重金属	无机淋洗剂的优点是效果好、速度快、成本低，可以有效去除土壤中的重金属污染物；缺点是部分无机淋洗剂酸度较高，会破坏土壤的理化和生物结构，并使土壤养分流失严重
螯合剂	人工合成螯合剂	乙二胺四乙酸（EDTA）、氨基三乙酸（NTA）、二乙基三胺五乙酸（DTPA）、乙二胺二琥珀酸（EDDS）等	螯合剂主要是将土壤中的重金属由不溶态转化为可溶态，利用螯合作用与多种金属离子形成稳定的水溶性络合物，使重金属从土壤颗粒表面解吸	主要用于淋洗土壤中的重金属	人工螯合剂可溶解不溶性及被土壤吸附的重金属，易与重金属形成稳定的复合物，但其费用高，易在土壤中残留造成二次污染，限制了其实际应用
	天然螯合剂	柠檬酸、苹果酸、草酸以及天然有机物胡敏酸、富里酸等			天然有机酸生物降解性较好，不会对土壤的理化性质造成大的破坏，对环境无二次污染，成为研究热点，但需考虑成本问题

续表

淋洗剂分类		组成	作用机制	适用范围	优缺点
表面活性剂	化学表面活性剂	十二烷基苯磺酸钠（SDBS）、十二烷基硫酸钠（SDS）、曲拉通（Triton）、吐温（Tween）、波雷吉（Brij）等	通过改变土壤表面性质，增强有机配体在水中的溶解性，或是发生离子交换，来促进金属阳离子或配合物从固相转移到液相中	主要用于处理有机物污染的土壤，也可以用于重金属污染土壤的淋洗修复	化学表面活性剂对有机污染土壤和地下水修复具有良好的应用前景，而对于重金属污染土壤的淋洗修复则作用不佳。另外，化学表面活性剂有二次污染问题
	生物表面活性剂	皂角苷、沙凡婷、鼠李糖脂、槐糖脂、环糊精等			无毒或低毒，生物降解性好，不易造成二次污染；原料易得价廉；环境相容性好，起泡性高。但是由于产量较低，生产成本较高，分离提取工序复杂而限制了实际应用

4）优缺点及影响因素

土壤淋洗技术的优势在于修复效果稳定、彻底，周期短，效率高；适宜的污染物种类多；操作灵活，可原位进行也可异位处理，异位修复又可进行现场修复或离场修复；使用方式灵活，可通过添加不同的淋洗剂在同一个反应系统中处理多种污染物质，对复合污染场地效果好；对于深层土壤修复成本较低，对于均匀、渗透性好的土壤处理效果更好。土壤淋洗技术的弊端在于对质地比较黏重、渗透性比较差的土壤修复效果相对较差，目前去除效率较高的淋洗剂价格都比较昂贵、洗脱废液的回收处理问题、淋洗剂在土壤中的残留可能造成的土壤和地下水的二次污染问题等，难以用于大面积的实际修复。

在实际操作中，影响淋洗技术的原因有很多，主要包括土壤的性质、污染物的性质、淋洗剂的性质及工艺操作条件等。

不同污染场地土壤的质地组成对淋洗修复效果有直接影响。研究表明运用淋洗法对砂质土中有机污染物的去除率较高，而对壤质土和黏质土中有机污染物的去除率较低。这主要是由于砂质土渗透性较强，土壤颗粒比表面积相对较小,对有机污染物吸持力较松;壤质土和黏质土中有机质含量和次生矿物含量往往较高,土壤有机矿质复体的物理吸附或化学吸附均会将污染物非均质地包裹于土壤颗粒微孔结构的表面或内部,从而增加淋洗修复的难度。

此外,污染场地土壤中的有机质含量、土壤的温度、湿度、pH、零电荷点和阳离子交换能力等物化性质都会对污染物的洗出效果有一定的影响。其中,土壤有机质的含量与污染物的吸附量成正比,土壤有机质含量较高时不利于污染物的去除。例如,土壤中的有机物质特别是腐殖质对土壤中的重金属有比较强的螯合作用,这种螯合作用的强弱和重金属螯合物在淋洗剂中的可溶性对土壤中重金属的淋洗有比较大的影响。土壤阳离子交换容量越大,土壤胶体对重金属阳离子吸附能力也就越大,从而增加了重金属从土壤胶体上解吸下来的难度。所以阳离子交换容量大的土壤不适合用化学淋洗技术修复。

污染物质的类型是影响淋洗法修复效果的重要因素之一。不同类型的污染物与场地污染土壤通过不同的物理化学吸附形成不同的键合形式,且各种类型污染物与土壤结合紧实程度的差异性以及污染物在土壤中的非均质分布,均使淋洗法的去除效果不尽相同。

污染物在土壤中的存在形态是影响淋洗法修复效果的另一重要因素。例如,重金属元素常常以不同的形态存在于土壤中,各种不同形态的重金属具有不同的迁移能力和可解吸性。一般地,可交换态、碳酸盐结合态重金属容易被淋洗剂从土壤中萃取出来,而铁锰氧化物结合态和残留态重金属不易被淋洗出来。

不同类型淋洗剂以及淋洗剂浓度对污染物的淋洗效果也不同。例如,各种淋洗剂对重金属的螯合作用能力以及重金属螯合物的水溶性不同,这些都会影响到淋洗剂对重金属的淋洗效率。一般地,具有强的螯合作用或具有强酸性的化学试剂对土壤中重金属的淋洗效果好。对于淋洗试剂浓度来说,污染物的去除效率通常随淋洗试剂浓度的增大而提高，并在达到某一定值后趋于稳定。

工艺操作条件也将直接影响淋洗法修复效果，选取合适的淋洗工艺操作条件不仅有助于实现污染物的去除，同时也能兼顾修复成本，主要包括淋洗时间、液固比及淋洗温度等。不同的淋洗剂对土壤的反应平衡时间存在较大差异，淋洗时间不宜过长，时间过长一方面会增加处理费用，另一方面有可能使油水形成乳化液，不利于后续废液的处理和回用。液固比是指淋洗液与污染土壤的质量比，提高液固比一般会提高污染物的去除率。液固比的选取要合适，过小不利于搅拌，过大则会增加设备的负荷量，同时也会大大增加淋洗试剂的消耗量和废液产生量，通常液固比为 4 : 1～20 : 1 比较合适，对于较难修复的稠油和沥青砂污染土壤宜于选择较大的液固比。淋洗温度对土壤中污染物的去除效率有一定影响，一般条件下，提高温度有助于提高污染物的去除效率，温度升高污染物的溶解量会增大，但是过高的温度会导致表面活性剂自身的增溶空间减少，增溶量反而下降。

5) 应用情况

欧美地区的国家开展污染土壤化学淋洗修复工程较早，有较多实际案例，我国目前处于起步阶段。例如，英国伦敦将 2012 年奥运场馆建设在伦敦东部斯特拉特福德的垃圾场和废弃工地上，该地被石油、汽油、焦油、氰化物、砷、铅、低含量放射性物质和有毒工业溶剂等污染，污染土壤大约有 100 万 m^3，该项目就采用了化学淋洗技术。根据 USEPA 对超级基金修复项目的统计，在 2005～2008 年的 230 个修复站点中，使用物理淋洗的站点有 29 个，比重约为 13%，土壤淋洗法日渐成为主流的土地修复技术。

6) 修复周期及参考成本

土壤淋洗技术处理周期为 3～12 个月。美国处理成本为 53～420 美元/m³；欧洲处理成本为 15～456 欧元/m³，平均为 116 欧元/m³。我国处理成本为 600～3000 元人民币/m³。

3. 土壤焚烧

1）焚烧技术介绍

焚烧（burning）是利用高温、热氧化作用通过燃烧来处理危险废物的一种技术，是一种剧烈的氧化反应，常伴有光与热的现象，是一项可以显著减少废物的体积、降低废物毒性或危害的处理工艺。焚烧可以有效破坏废物的有害成分，达到减容减量的效果，还可以回收热量用于供热或发电。土壤焚烧主要由焚烧炉、尾气处理系统和控制系统等组成。焚烧炉主要包括流化床、旋转窑和炉排炉。该技术可适用于有机污染物及重金属污染的土壤。

2）优缺点及影响因素

焚烧技术是一种比较成熟的修复技术，和其他方法相比，焚烧法具有显著的减容、稳定和无害化效果，大大减少了污染土壤的体积和重量，因而最终需要处理的物质很少；有时焚烧灰也可制成有用的产品；处理速度快，不需要长期储存；可以回收能量，用于发电和供热等。不过，伴随着燃烧反应，土壤焚烧可能产生有害的副产品，这些副产品可能来自土壤中有机物的高温分解或污染物未被完全摧毁，例如，焚烧的过程中会产生一定量的有害气体，如 HCl、HF、SO_2 等，这些有毒有害气体若控制不当，会造成二次污染。

焚烧的目的侧重于减量和燃烧后产物的安全化、稳定化方面，这一点与以获取燃烧热量为目的的燃烧是有差别的。因此，焚烧必然以良好的燃烧为基础，要使燃料完全燃烧。支配燃烧过程的因素有 3 个：时间、温度、废物和空气之间的混合程度。这 3 个因素有着相互依赖的关系，而每一个因素又可单独对燃烧产生影响。

3）技术应用情况

在欧洲、美国、日本等地区和国家，焚烧工艺已日渐成熟，它以处理速度快、减量化程度高、能源再利用等突出特点而著称。污染场地应用中，焚烧是处置有机氯物质最常用的成熟技术，美国超级基金在1982～2005 年，处置杀虫剂和除草剂污染土壤的项目共 103 个，采用焚烧技术修复的场地 36 个（占 35%），是使用次数最多的技术。不过该技术在美国的场地修复中逐渐减少，在 1982～2005 年，所有的修复场地中该技术占 11%，而在 2005～2008 年，该技术比例降为 3%。焚烧处置作为目前国内外比较流行的处理方式，在国内也具有较好的发展趋势。但焚烧技术仍然存在初期投资高、运行成本较高、操作管理复杂、烟气处理效果不好等问题，一定程度上限制了其在国内的规模化应用和推广。

4）修复周期及参考成本

该技术处理周期与土壤焚烧量相关，国内的应用成本为 800～1000 元人民币/m³。

4. 热脱附

1）基本原理

热脱附（thermal desorption）技术是指在真空条件下或通入载气时，通过直接或间接热交换，将土壤中的有机污染组分加热到足够高的温度，促进污染物的挥发，使其与土壤分离的过程。热脱附主要包含两个基本过程（图 2-5）：一是加热土壤，通过控制热脱附系统的加热温度和污染土壤停留时间，有选择地使污染物得以挥发，将污染物从固相或水相转化为气相的物理分离过程，在修复过程中并不发生氧化、分解等化学反应，不出现对有机污染物的破坏作用；二是将挥发出的气体经收集、冷凝或焚烧等处理达标后排放至大气中。

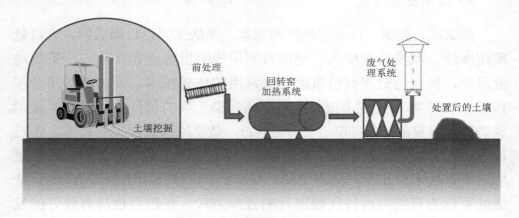

图 2-5　热脱附系统示意图

2）适用范围

土壤热脱附包括原位热脱附和异位热脱附两种。原位热脱附技术主要包括土壤加热系统、气体收集系统、尾气处理系统、控制系统等。异位热脱附技术主要包括原料预处理系统、加热系统、解吸系统、尾气处理系统和控制系统等。作为一种非燃烧技术，热脱附技术具有处置种类多、设备移动性好、修复后土壤可再利用等优点，已被成功用于多环芳烃、苯系物、有机农药和除草剂、多氯联苯、其他卤代和非卤代半挥发性及挥发性有机物等污染场地的修复项目中。该技术不适用于无机物污染土壤（汞除外），也不适用于腐蚀性有机物、活性氧化剂和还原剂含量较高的土壤。此外，由于土壤含水率直接影响处理成本，高黏土含量和含水率将增加处理费用，一般工程上要求待修复场地的土壤含水率不超过 20%。

3）加热方式

目前，主要的加热方式有蒸气注入、电阻加热等原位加热技术，也可根据工程需要采用滚筒式热脱附、流化床式热脱附、微波热脱附等异位加热技术。

（1）蒸气注入。通过注入井将热蒸气注入污染区域，导致温度升高并产生热梯度，进而降低污染物的黏度并促进其蒸发或挥发。

（2）射频加热。通过射频，电能通过热传导器转换成热能，并依靠热传导进行热传递来加热土壤，通过蒸发和蒸气联合作用使地下温度升高，促进土壤中有机污染物挥发。

（3）电阻加热。依靠地下电流的电阻耗散加热，使土壤和地下水中的水汽化并产生气提作用，从土壤孔隙空间中气提出挥发性和半挥发性污染物。一般适用于黏土和细颗粒沉积物等渗透性较差的土壤。

（4）电传导加热。通过电加热毯等直接接触式热传导，将地下的污染物转变为气态，然后将污染物气相抽提到地上进行处理。

（5）微波加热。微波热脱附是最近兴起的一种热脱附技术。微波发生装置产生的微波辐射能穿透土壤、加热水和有机污染物使其变成蒸气。其能量以电磁波的形式传递，具有较高的转换效率。此法对极性化合物特别有效。

（6）真空强化远红外线加热。远红外线加热是从土壤颗粒内部向外加热，使颗粒内部的污染物容易脱附，整体热脱附效率较高，同时耗能较低。从物理学角度分析，在密闭空间内抽真空，可以降低密闭空间体系中土壤有机污染物的沸点，在较低的温度下，就可以实现有机物的脱附。

4）应用案例

美国 Wallington 乳胶厂面积为 9.67 英亩①（约合 39 133 m²），坐落在居住-工业混合区。该厂曾于 1951～1983 年间生产天然和合成橡胶产品及化学黏合剂。场地中约 24 466 m³ 土壤及位于排水运河旁的 2065 m³

---

① 英亩，面积单位，1 英亩≈4046.856 m²。

土壤和底泥受 PCBs 和 BEHP 污染，PCBs 最高含量达 4000 mg/kg。采用三重壳回转窑进行热脱附。停留时间为 60 min，处理量为 225 t/d，出口土壤温度为 480℃。修复完毕后，PCBs 浓度降至 0.16 mg/kg，BEHP 浓度降至 0.37 mg/kg。

5. 气相抽提

1）基本原理

土壤气相抽提（soil vapor extraction，SVE）又称土壤蒸气浸提、原位真空抽提。该技术是去除土壤中挥发性有机污染物的一种修复技术，以原位使用居多。它将新鲜空气通过注射井注入污染区域，利用真空泵产生负压，空气流经污染区域时，解吸并夹带土壤孔隙中的 VOCs 经由抽气井流回地上；抽取出的气体在地上经过活性炭吸附法以及生物处理法等净化处理后，可排放到大气中或重新注入地下循环使用，如图 2-6 所示。

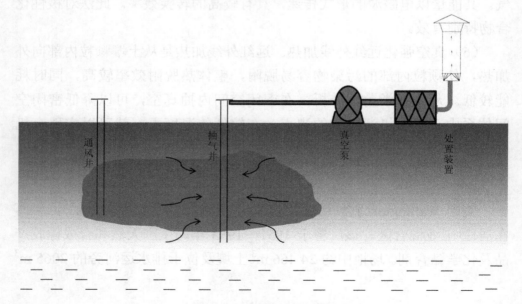

图 2-6 SVE 系统示意图

2）适用范围

SVE 具有成本低、可操作性强、可采用标准设备、处理有机物的范围宽、不破坏土壤结构和不引起二次污染等优点。苯系物等轻组分石油烃类污染物的去除率可达 90%。

3）主要影响因素

（1）土壤的渗透性：土壤的渗透性影响土壤中的空气流速及气相运动。土壤的渗透性越高，气相运动越快，被抽提的量越大。

（2）土壤含水率：土壤水分对 SVE 修复效果存在较大影响，普遍认为增加土壤含水率后会降低土壤通透性，不利于有机污染物的挥发。

（3）土壤结构和分层：土壤结构和分层（土壤层结构的多向异性）影响气相在土壤基质中的流动程度及路径。土壤结构特征（如夹层、裂隙的存在）造成优先流的产生，若不正确引导就会使修复效率降低。

（4）气相抽提流量：不考虑污染物由土壤中迁移过程的限制时，抽提流量将正比于去污速率。

（5）蒸气压与环境温度：SVE 系统效率也受到有机污染物蒸气压的影响，低挥发性有机污染物不适用 SVE 修复，而环境温度是决定气体蒸气压的主要因素。

4）应用案例

北京市某化工厂有 40 多年的生产历史，于 2006 年停产并开始搬迁。由于受建厂初期的生产工艺技术条件和生产过程中污染治理水平所限，厂区土壤污染较严重，主要污染物为苯系物。对该厂污染最严重的原粗苯车间应用土壤气相抽提法进行修复。工程采用 8 m 深的抽气井和通风井，井的影响半径按 5～6 m 设置；选用抽气量为 625 m^3/h 的真空双螺杆泵。原粗苯车间污染场地抽提出的有机废气浓度高达 100 000 mg/m^3，联合应用催化燃烧、活性炭吸附和脱附技术来处理抽提出的有机废气。

系统运行 8 个月后，8 m 深度范围内污染土壤中苯的去除率为 95.2%～99.9%，土壤中抽提出的有机气体中苯的去除率为 80.7%。

6. 化学氧化还原

1）基本原理

化学氧化还原（chemical oxidation and reduction）修复技术可原位使用，也可异位使用。该方法通过向污染土壤添加氧化剂或还原剂，依靠化学氧化或还原作用使土壤中的污染物转化为无毒或相对毒性较小的物质。常用的氧化剂包括芬顿试剂、高锰酸盐、过氧化氢、过硫酸盐、臭氧等。常用的还原剂包括气态硫化氢、连二亚硫酸钠、亚硫酸氢钠、硫酸亚铁、多硫化钙、二价铁、零价铁等。

2）适用范围

化学氧化适于处理污染场地中的石油烃、BTEX（苯、甲苯、乙苯、二甲苯）、酚类、MTBE（甲基叔丁基醚）、含氯有机溶剂、多环芳烃、农药等大部分有机物。异位化学氧化不适用于重金属污染土壤的修复，对于吸附性强、水溶性差的有机污染物应考虑必要的增溶、脱附方式。

化学还原可处理重金属类（如六价铬）和氯代有机物等，但异位化学还原不适用于石油烃污染物的处理。

3）主要影响因素

（1）土壤活性还原性物质总量：氧化反应中，向污染土壤中投加氧化药剂，除考虑土壤中还原性污染物的浓度外，还应兼顾土壤中活性还原性物质总量的本底值。例如，土壤中存在腐殖酸、还原性金属等物质时，会消耗大量氧化剂。

（2）土壤渗透性：高渗透性土壤中的氧化/还原剂分布更好更均匀，

而在渗透性较差的区域（如黏土），药剂传输速率可能较慢，影响修复效率。

（3）pH：化学氧化/还原反应受 pH 影响较大。根据土壤初始 pH 条件和药剂特性，需要有针对性地调节土壤 pH，一般 pH 范围为 4.0～9.0。常用的调节方法包括加入硫酸亚铁、硫磺粉、熟石灰、草木灰及缓冲盐类等。

（4）其他因素：化学氧化/还原过程可能会发生产热、产气等不利情况。此外，氧化还原电位、含水率等均对化学氧化/还原技术修复效果有一定影响。

4）应用案例

江苏某钢铁厂始建于 1958 年，是特殊钢生产基地，场地南侧为焦化厂，场地污染区块主要靠近焦化厂附近，主要污染物为多环芳烃类。采用原地异位化学氧化搅拌工艺，处理土方量为 3500 m³。药剂主要成分为过硫酸盐及活化剂。主要工序为：定位放线→土方清挖→筛分预处理→土壤倒运至反应池→药剂投加→机械搅拌 7～8 天（pH 监测）→倒运至待检区反应（氧化剂残留）→验收合格→土壤干化→土壤回填→工程竣工。施工工期为 100 天。苯并[a]芘、萘、二苯并[a, h]蒽分别修复至 1.56 mg/kg、2.93 mg/kg、1.56 mg/kg 以下，修复后场地用于居住用地。

7. 电动力修复

1）基本原理

电动力修复（简称"电动修复"）（electrokinetic remediation）基本原理是在污染土壤的两侧施加直流电场，通过电化学和电动力学的复合作用（电渗流、电迁移和电泳等），驱动土壤中的重金属或有机污染物富集到电极区，进行集中处理或分离，从而实现污染土壤的清洁。

2）适用范围

电动修复技术可处理渗透性低的土壤，适于处理多相不均匀介质及粒径不同的土壤，具有速度较快、成本较低等特点，特别适用于小范围黏质的多种重金属污染土壤和可溶性有机物污染土壤的修复，包括铜、锌、铅、镉、镍、砷、汞、锰等重金属，三氯乙烯、多环芳烃、苯酚等有机污染物，以及铀等放射性元素。对于不溶性有机污染物，需要化学增溶，易产生二次污染。

3）主要影响因素

（1）缓冲性能：土壤的高含水率、高饱和度和低缓冲性能等有利于污染物通过电迁移和电渗流等方式迁移出土壤。具有较高酸碱缓冲性能的土壤将会消耗大量的酸或碱，增强试剂解吸和溶解吸附在土壤颗粒上的污染物。

（2）pH：对于 pH 和碳酸盐含量较高的土壤，电动修复技术往往需要消耗大量的酸，从而增加成本。

（3）土层结构：土壤的不均一性会显著影响电迁移和电渗流的产生，导致对污染物去除的不均一性，直接影响污染物的去除效率和电能消耗。

4）应用案例

美国阿拉米达市的一家飞机修理机械电镀厂曾于 1942～1990 年进行生产。电镀作业中产生的铬污染了厂区土壤，铬最高浓度达 2060 mg/kg。美国军方联系技术机构在该污染场地开展了电动修复示范工程，共耗时 4 个月，完成了 38.4 m³ 的土壤修复，去除了土壤中 12% 的铬。大多数土层最终达到了 30 mg/kg 的修复目标值，但在污染最重的土壤和混凝土交界处未达到修复目标值。

2.1.2　生物修复技术

土壤生物修复（soil bioremediation）是指利用微生物和植物等生物措施来治理土壤、底泥沉积物和地下水中的污染物，使土壤恢复正常功能的途径。

广义的土壤生物修复是指利用微生物、植物或者土壤动物为本体来治理污染土壤（包括底泥沉积物和地下水），通过吸收、降解和转化等途径使土壤污染物的浓度降低，从而将污染物固定或者转化为无毒害的物质，以减少其给环境和人类带来的直接或者间接危害。

狭义的生物修复是指通过酵母菌、真菌、细菌等微生物的作用清除土壤和地下水中的污染物，或是使污染物无害化的过程。

土壤生物修复技术按照修复的地点可分为原位修复技术（生物通气法、生物注气法、土地耕作法、生物冲淋法等）和异位修复技术（生物堆置法、生物反应器填埋工艺等）。

1. 生物通气法

生物通气法（bioventing）是一种原位修复技术，是利用土著微生物对吸附于土壤不饱和层或通气层中的有机污染物进行生物降解的一种生物修复技术。例如，在一些污染场地，土壤中的有机污染物使得土壤中氧气成分降低，二氧化碳含量升高，形成不利于好氧微生物降解的环境。在土壤不饱和层中，利用注气井和抽气井产生空气（或氧气）的流动现象，或添加营养盐的方式，促进原土壤微生物的代谢作用，从而促进微生物的降解活动，降低污染物浓度，使土壤无害化。

土壤的结构和类型直接影响着生物通气法的修复效率，具有多孔结构的土壤适合用生物通气法修复，不合适的土壤结构会使氧气和营养元素在到达污染区域之前就被消耗。同时，生物通气法也不适用于修复低于地下水位的土壤，地下水由于压力上涌，会堵塞土壤蒸气流，使得反应不能正常进行。当要求去除污染物浓度达到 0.1 ppm 或去除率达到 95%时，此法也不能很好地完成目标。生物通风技术的处理周期与污染物的生物可降解性相关，一般处理周期为 6～24 个月。修复成本相对低廉，尤其对修复成品油污染土壤非常有效，包括对汽油、喷气式燃料油、煤油和柴油等污染的修复。

该技术在国内的实际修复或工程示范极少，尚处于中试阶段，缺乏工程应用经验和范例。国外已有一些中试的案例，下面介绍一个美国的案例。

（1）修复背景：地点为美国多个军用测试基地，中试阶段，污染源来自地下储油罐的泄漏，包括汽油、柴油、加热油和废油等。整个项目持续时间从 1992 年 4 月至 1995 年 12 月，一般一个场地平均需要一年的时间来修复。

（2）修复技术：采用原位生物通气法，根据场地的不同情况，设计不同数量、不同深度的通气井，安装不同数量的监测井并配备大小型号适应的鼓风机。案例中，通风井的数量在 1～9 个，而深度在地上 2 m 到地下 70 m，监测井的数量在 1～6 个，鼓风机使用 1～5 马力。修复的土方量从 150 m³ 到 200 000 m³ 不等。

（3）污染物质：苯，甲苯，乙苯，二甲苯和总石油碳氢化合物（TPH）。采集了 100 个点位的 328 个样品，测试出来污染物质在土壤中的平均浓度分别为：苯，106 mg/kg；甲苯，250 mg/kg；乙苯，276 mg/kg；二甲苯，1001 mg/kg；总石油碳氢化合物，3301 mg/kg。

（4）修复结果：修复一年后从原 100 个位点采集 328 个样品，苯系物浓度的平均去除率，土壤中为 97%，土壤气中为 85%，土壤中石油烃的去除率平均为 24%，挥发性石油烃的去除率为 90%。生物降解速率由 300～6000 mg/（kg·a）不等降到平均 1200 mg/（kg·a）。生物降解速率的降低是生物可降解的石油烃由于分解而数量下降，原料供应不足而造成的。此法在气温较高的加利福尼亚州更为有效，而在阿拉斯加州等寒冷的地方由于微生物活性降低而有所抑制。

（5）成本分析：按照一个通风井从设计、施工到一年的修复工程来计算，成本在 60 000 美元左右。每立方码（1 码=0.9144 m）的土壤量修复成本为 10～60 美元。当场地的修复量大于 10 000 立方码时，单位体积土方的修复成本要小于 10 美元，而小于 500 立方码的场地单位体积的土方修复成本要高于 60 美元。案例中，某个空军基地有 5000 立方码的污染场地，污染物浓度大约为 3000 mg/kg，设计了四个深度为 4.5 m 的通气井，运行了两年时间，共计花费 92 300 美元，其中包括场地监测费 27 000 美元和施工费 27 500 美元。

2. 生物注气法

生物注气法（biosparging）是指将加压后的空气压入地下水位以下的土层中，气流使化合物进入饱和层并进行挥发和降解，有利于污染物降解的一种生物修复技术。这种方法能处理吸收地下水中或是在地下水位以下的土壤中的石油污染物。在可挥发性的有机物存在时，通常将生物注气法和生物通气法结合起来使用，以达到更优的处理效率。

生物注气法具有以下优点：设备易于安装，对场地干扰很小，修复周期一般在 6 个月至 2 年的时间内，能处理很多石油化合物，对地下水无二次污染。但同时也有其局限性，挥发性的污染物可能会随气流造成第二次污染。目前，该方法已经应用于大规模修复土壤中，下面是一个美国的案例。

（1）修复背景：位于美国南卡罗莱纳州艾肯市 Sanvannah 河的垃圾填埋场地，污染面积共计 430 亩①，从 1999 年开始不间断地开展修复工作，目前数据资料已收集到 2003 年。

---

① 亩，面积单位，1 亩≈666.67 m²。

（2）污染物质：挥发性卤代有机物，主要是三氯乙烯和氯乙烯。

（3）修复技术：采用生物注气法，系统包括两个水平井、注射器和一个压缩机。一个井用来注射甲烷、空气和营养物质，刺激甲烷依赖的微生物将三氯乙烯加速矿化，使其固定。另一个井则用来注射空气和营养物质以促进好氧微生物的活动，降解氯乙烯。当三氯乙烯的浓度降低后，于 2001 年 1 月停止了甲烷的供应，而空气和营养物质依然保持供应。

（4）修复效果：截止到 2003 年，生物注气法去除了 99% 的氯化物和 75% 的三氯乙烯，而且这个系统还将继续运行，以达到当地部门的要求。项目对地下水的监测也在进行，目前还没有明确的数据证明存在二次污染。

（5）修复成本：两个井的安装需要 100 万美元，安装注射器和管道需要 75 万美元，运行系统的费用为 22.5 万美元/年，地下水监测的费用为 21.5 万美元/年。

3. 土地耕作法

土地耕作法（land farming）是通过翻动污染土壤来补充空气，同时补以微生物活动所需要的营养盐、矿物质和水分，调节土壤湿度、酸碱度等，为微生物生存提供良好的环境条件，从而通过微生物降解来降低污染物的浓度。一般用于污染土层较浅、通透性较差的情况。如果污染土壤处于较深的位置，需要加大翻动的力度来使微生物充分接触污染物。

（1）优点：设计和施工相对简单，不需要复杂的设备；较短的修复周期（最优条件下一般在 6 个月到 2 年）；价格有竞争力：一般费用在 30～60 美元/t 污染土壤；缓慢的生物降解对含磷有机污染物十分有效。

（2）局限性：处理效率很难大于 95% 或者污染物浓度降低到 0.1 ppm；可能对高于 50 000 ppm 浓度的污染物处理效果不佳；如果有显著的重金

属污染（高于 2500 ppm）可能会抑制微生物生长；挥发性污染物可能在修复过程中不经过降解直接进入大气；需要较大的土地面积；产生的灰尘和蒸气有可能造成空气质量下降；土地耕作可能会有泄漏，需要考虑对地下水和深层土壤是否造成进一步污染。

美国某场地被约 190 万 L 煤油污染，采用土地耕作技术进行修复治理，其主要污染物质为五氯苯酚（PCP）、石油总烃（TPH）；通过原位土壤耕作法，加入添加剂将土壤翻作，使土壤尽量与添加剂混合，加入 H：N：P 比例为 100：10：1 的营养物质，充分搅动土壤调节 pH、温度等因子，使微生物达到最佳反应效率。土壤中原始 PCP 浓度为 100 mg/kg，四个月后的浓度降低到 5 mg/kg；原始的 TPH 浓度为 6000 ppm，处理 120 天后浓度为 100 ppm，土壤修复成本在每立方码 50～115 美元。

4. 生物冲淋法

生物冲淋法（bioflooding）是指通过注入井将含有营养物质的水分补充到土壤亚表层，促进微生物降解污染物的过程。主要应用于各种石油烃类污染的修复中，其具体过程主要包括两组水井，一组是注水井，它的作用是将各类接种的微生物、水、营养物和电子受体等物质注入土壤；另一组是抽水井，通过液体流动促进营养物质的运输，回用营养物质。

生物冲淋法处理方法简单，费用相对较低，其不足之处是处理时间较长，而且在微生物的修复过程中，污染物可能会进一步扩散到较深层的土壤和地下水中。

美国佛罗里达州一家生物能源企业（Largo），能将三氯乙烯转化为乙烯。该公司去处理一个受三氯乙烯污染的空军基地（Dover Air Force Base），在污染场地的地下水中测得三氯乙烯和 1, 2-二氯乙烯的含量为 4800 ppb 和 1200 ppb。通过将富含营养物质（植物油或乳酸盐）的水补充到土壤表面，好氧微生物降解植物油后消耗氧气，产生氢气制造无氧环境，为厌氧微生物降解三氯乙烯等污染物提供绝对厌氧的环境，促使土壤中的污染物降解。经过大约 479 天的处理，75%～80%的污染物（包括三氯乙烯和 1, 2-二氯乙烯）被分解为甲烷而去除。

5. 生物堆置法

生物堆置法（biopiles）是将受污染的土壤从污染地区挖掘出来，添加土壤改良剂形成堆肥物，利用微生物降解污染物的异位修复技术。该法能有效地去除石油污染物，尤其是处理地下储油罐（UST）。这种方法包括将受污染的土壤堆放，并且依靠通风、加入营养物质和微量元素、调节 pH 以及增加湿度等手段，增强土壤中的好氧微生物代谢活动。堆肥用塑料覆盖，防止蒸发或挥发，同时有利于升温，进一步促进微生物活动。轻组分（如汽油）可以在通风过程中挥发除去，减少了生物降解的负荷。针对各地的 VOCs 排放标准，需要在尾气放空之前进行控制处理。对于中、重组分（如煤油、柴油等），生物降解更为重要一些。而润滑油等不能在通风过程中挥发，只能通过生物降解。相对来说，大分子的石油组分需要更长的生物降解时间。

生物堆技术流程主要由土壤堆体、抽气系统、营养水调配系统、渗滤液收集处理系统以及在线监测系统组成（参考图 2-7）。其中，土壤堆体系统具体包括污染土壤堆、堆体基础防渗系统、渗滤液收集系统、堆体底部抽气管网系统、堆内土壤气监测系统、营养水分添加管网、顶部进气系统、防雨覆盖系统。抽气系统包括抽气风机及其进气口管路上游的气水分离和过滤系统、风机变频调节系统、尾气处理系统、电控系统、故障报警系统。营养水调配系统主要包括固体营养盐溶解搅拌系统、流量控制系统、营养水投加泵及设置在堆体顶部的营养水分添加管网。渗滤液收集处理系统包括收集管网及处理装置。在线监测系统主要包括土壤含水率、温度、二氧化碳和氧气在线监测系统。

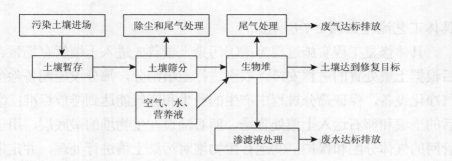

图 2-7　生物堆技术工艺流程图

　　生物堆置法的主要设备包括抽气风机、控制系统、活性炭吸附罐、营养水分添加泵、土壤气监测探头、氧气、二氧化碳、水分、温度在线监测仪器等。

　　生物堆置法工艺相对简单，易于建造，处理周期较短，最佳条件下一般在 6 个月到 2 年时间内达到目标效果。该技术相较于土地耕作法要求的场地面积小，处理成本较低。处理装置全封闭，能控制气体的挥发，对混合石油污染物也有较好的处理效率。

　　修复案例：国内某原化工区，经场地调查与风险评估发现存在苯胺污染土壤约 49 920 m³。为满足项目施工进度及项目建设施工方案的要求，这部分污染土壤采用异位处理，使苯胺浓度小于 4 mg/kg，所需修复的土方量为 49 920 m³；该污染场地主要污染物为苯胺，最大检出浓度为 5.2 mg/kg。苯胺饱和蒸气压为 0.3，辛醇-水分配系数为 0.9，具备一定的挥发性，能在负压抽提下部分通过挥发而去除。同时，研究表明，其在好氧条件下的生物降解半衰期为 5～25 天，降解性能较好。场地内污染土壤质地以中砂为主，有机质含量相对较低，污染物"拖尾"效应较弱。其通气性能较好，渗透系数达到 10^{-6} cm²，有利于氧气的均匀传递。考虑到污染较轻，污染物的挥发性和生物易降解性，以及土壤有机质含量低、渗透性较好及修复成本等因素，选定批次处理能力大、设备成熟、运行管理简单、无二次污染且修复成本相对较低的生物堆技术。

具体工艺流程如图 2-7 所示。

　　具体修复工程实施过程为：①污染土壤首先进入土壤暂存场暂存，然后根据土壤处置的进程安排，取土进行土壤筛分，筛分设施配备除尘和尾气净化设备，保证筛分过程中产生的粉尘和废气能达到排放标准；②筛分后的土壤和卵石运入土壤处置场，卵石铺设在生物堆的最底层，用于抽气管网的气体分配和保护；③运行生物堆对污染土壤进行处理，并定期监测污染物的去除程度和抽气量、压力、温度、湿度、堆内氧气含量等参数，处理过程中产生的废气进入尾气净化设备处理，渗滤液进入废水处理设施；④修复后的土壤达到修复目标后可用于填埋造地，尾气净化后达标排放，废水处理后按照修复方案的废水利用标准进行回用。

　　考虑到该项目的土方量及甲方要求的修复工期，该项目采用模块化设计，单个批次总共建设 3 个堆体，批次处理能力为 10 000 m³，每个堆体配置独立的抽气控制设备进行控制，每个堆体的设计处理时间为 1.5 个月，堆体剖面结构如图 2-8 所示。该项目生物堆的设备主要由抽气设备、气液分离设备和尾气净化设备组成。抽气设备主要由真空泵、空气真空球阀和系统排气口等组成；气液分离设备由真空平衡分离排液灌、自动排液泵、过滤器和空气真空球阀组成；尾气净化设备由活性炭吸附塔、取样口和排气口组成。

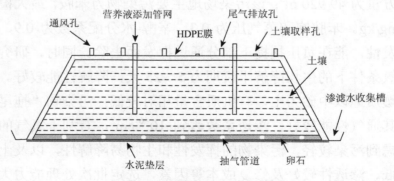

图 2-8　生物堆堆体剖面图

依据设计方案，该项目 49 920 m³ 污染土壤中苯胺的浓度均降低至修复目标 4.0 mg/kg 以下，满足修复要求并通过环保局的修复验收。该项目包含建设施工投资、设备投资、运行管理费用的处理成本约 350 元/m³。

6. 生物反应器填埋工艺

生物反应器填埋工艺（bioreactor landfill）是将受污染的土壤挖掘出来，在接种了微生物的生物反应器内进行处理。按照修复的环境可以分为好氧生物修复、厌氧生物修复和混合（好氧/厌氧）生物修复。

好氧生物修复的过程需要有氧气参与，微生物利用碳源物质作为电子供体，氧气作为电子受体。反应过程中，沥出液从反应器底部收集，送到液体储存罐，再重新运输到反应器里。空气通过水平或垂直的孔洞注入反应器中，加强微生物的代谢，从而加速废物的分解。

厌氧生物修复的过程不允许有氧气的存在，包括发酵、甲烷化、还原脱氮以及硫化（硝化）等过程。这些过程的有无取决于污染物的类型。在厌氧代谢过程中，硝酸盐、硫酸盐、二氧化碳、氧化物质或有机物质代替氧气作为电子受体。

混合生物修复的反应器利用微生物连续的厌氧和好氧反应来加速污染物的分解，在反应器的上方迅速地分解有机污染物，在反应器的下方收集甲烷气。表 2-2 展示了污染物的生物降解能力和优先选择的降解环境。

表 2-2　不同污染物微生物降解程度和降解环境

污染物	微生物降解性			推荐环境
	高	中	低	
1. 石油类碳氢化合物				
短链石油烃类	·			好氧
长链/分支石油烃类				好氧

污染物	微生物降解性			推荐环境
	高	中	低	
环烷类		•		好氧
2. 单芳香环烃类				
单环芳烃	•			好氧
酚类	•			好氧
甲酚		•		好氧
儿茶酚类	•			好氧
3. 多环芳烃				
2~3 环多环芳烃	•			好氧
4~6 环多环芳烃		•		好氧
4. 含氯脂肪碳氢化合物				
四氯乙烯、三氯乙烷	•			厌氧
三氯乙烯	•			厌氧
二氯乙烷、二氯乙烯、氯乙烯	•			好氧/厌氧
5. 含氯芳烃				
氯酚（多氯）		•		厌氧
氯酚（少氯）	•			好氧/厌氧
氯苯（多氯）		•		厌氧
氯苯（少氯）	•			好氧/厌氧
氯萘	•			好氧/厌氧
多氯联苯（PCBs）（多氯）		•		厌氧
多氯联苯（少氯）	•			好氧/厌氧
6. 硝基芳香化合物				
单（二）硝基化合物	•			好氧/厌氧
三硝基甲苯（TNT）	•			好氧/厌氧
苦味酸（三硝基酚）		•		好氧/厌氧
7. 硝基脂肪化合物				
硝化甘油	•			好氧

续表

污染物	微生物降解性			推荐环境
	高	中	低	
8. 杀虫剂				
g-六氯环己烷（林丹）	•			好氧/厌氧
b-六氯环己烷（林丹）		•	•	好氧/厌氧
阿特拉津	•			好氧
9. 二噁英				
PCDD		•		厌氧
2, 3, 7, 8-PCDD			•	
10. 无机化合物				
简单氰化物		•		好氧
复杂氰化物		•		
铵盐	•	•		好氧/厌氧
硝酸盐	•			厌氧
硫酸盐	•			厌氧

资料来源：International Center for Soil and Contaminated Sites（ICSS）. *Manual for Biological Remediation Techniques*，2006.

应用案例：位于美国加州的 YCCL 固体废物垃圾填埋场，建于 1975 年，占地面积 722 英亩，包括 17 个 3 级固体废物（以下简称"固废"）处理单元和 2 个 2 级沥出液地面储存罐装置。用于处理无害的固废、建筑垃圾以及无害的液体废物。采用生物反应器技术，试验场地共 12 英亩，将场地分为三块。两块厌氧反应池，分别为 6 英亩和 3.5 英亩，一块好氧反应池，面积为 2.5 英亩。同时建立底部防渗系统、渗滤液回收系统和去除系统。建立监测系统以监控反应过程中的气温、气压、湿度等指标，对产生的渗滤液、废气和固废进行组分研究。整个修复过程能为项目自身提供能量，减少温室气体的排放，并去除污染废物，每英亩土壤的修复成本在 97 000 美元左右。

2.1.3　植物修复技术

植物修复（phytoremediation）是指利用植物来转移、容纳或转化土壤或地下水中的污染物，使其对环境无害化的污染治理技术。可被植物修复的污染物有重金属、农药、石油和持久性有机污染物、炸药、放射性核素等。

植物修复根据修复原理可以具体分为以下 6 种。

（1）植物固定（phytosequestration）：植物固定是指植物通过释放植物素，使土壤中的污染物转化为相对无害物质的一种方法。

（2）植物水文（phytohydraulics）：植物水文是指植物通过转运水分来使水中的污染物质转移的过程，这个过程并不分解污染物。

（3）根系降解（rhizodgradation）：根系降解是借助植物根系的强烈吸附作用，从污水中吸收污染物，由于根系吸收主要是以水分为主，因此，此法多适用于地下水污染的修复。

（4）植物提取（phytoextraction）：植物提取是利用一些特殊植物，其根系吸收污染土壤中的有毒有害物质并运移至植物地上部，通过收割地上部物质带走土壤中污染物的一种方法。

（5）植物挥发（phytovolatilization）：植物挥发是植物吸收污染物后，通过蒸发作用将污染物挥发出去。

（6）植物降解（phytodegradation）：植物降解是指植物体内的新陈代谢作用将吸收的污染物分解，或者通过植物分泌出的化合物的作用对植物外部的污染物进行分解。

植物修复技术最显著的优点是成本低，根据已有经验，每年的处理费用为 1～6 元/m^3，比常规的填埋法、物理化学法有明显的优势。植物修复属于原位修复，能够防止水土流失，增加土壤有机质含量和肥力。集中处理植物还能有效减少二次污染，适应性广。其局限性在于技术处理周期较长，一般需 3～8 年。

国内某地因开矿和尾矿大坝损坏引起农田大面积砷污染，经场地调查与风险评估，主要污染物为砷，另有铅、锌和镉污染；砷的检出浓度超出国家环境标准 5～10 倍，最高超出 50 倍以上。砷污染土壤面积总计约 1000 余亩。土壤 pH 范围为 3.8～7.0，大部分区域呈酸性，重污染区 pH 低至 3.8。先期进行了 17 亩蜈蚣草治理砷污染土壤示范工程，直接采用种植蜈蚣草、蜈蚣草和桑树套种技术，将污染土壤修复至 30 mg/kg 以下，主要进行重金属污染与酸污染修复。在进行砷、铅等复合污染土壤的植物修复过程中，充分考虑了修复植物对这些重金属的抗性、耐性和富集性，以及酸污染对修复植物的毒害，搭配适宜的富集植物蜈蚣草以修复重金属复合污染与酸污染土壤。富集砷的蜈蚣草晾干后采用焚烧方式处理。该技术的工艺流程及关键设备包括富集植物育苗设施、种植所需的农业翻耕设备、灌溉设备、施肥器械、焚烧炉、尾气处理设备等。

该工艺主要包括场地调查、育苗、移栽、田间管理、刈割和安全焚烧。蜈蚣草采用孢子育苗，育苗温室温度控制在 20～25℃，湿度 60%～70%。种植密度约 7000 株/亩。在田间种植条件下，蜈蚣草叶片含砷量高达 0.8%。蜈蚣草生长至 0.5 m 时收割，每年收割 4 次。收获的蜈蚣草晾干后，通过添加重金属固定剂，进行安全焚烧处理。工程实施完成后，估算包含建设施工投资、设备投资、运行管理费用，处理成本 2～3 万元/亩。运行过程中的主要能耗为灌溉、焚烧和尾气处理的电耗，另外还有田间管理的人工成本。最终污染土壤中砷的浓度降低至修复目标 30 mg/kg 以下，满足修复要求。

2.2　地下水修复技术

2.2.1　抽出-处理技术

1. 技术原理及其适用性

作为一种异位快速处置技术，抽出-处理技术（pump and treat）在地下水修复工程中应用较为广泛，据 USEPA 数据统计，2005～2011 年涉及抽出-处理技术的地下水修复工程共有 130 个，约占全部地下水修复工程量的 24.6%。

这一技术的基本原理为在地下水污染区域内设置一定数量的抽水井，将污染的地下水抽取至地表处理设备，处理达标后的地下水可排入地表水体或回灌地下。在抽水井群布置合理的前提下，抽水形成的水力圈闭亦可有效控制污染羽的扩散。只有在地下水污染源（如泄漏油桶、污染土壤等）被彻底清除或处理，地下水含水层进一步污染的风险基本消除的前提下，抽出-处理技术才能有效修复受污染的地下水含水层，同时抽出-处理技术的应用效果与场地水文地质特征参数、抽水井布局及设计参数密切相关。在抽出-处理系统设计阶段，结合场地水文地质调查、环境调查信息，构建场地地下水流及污染物运移模型，使用数值模拟的方法优化系统布局是一种较为实用的技术手段。

抽出-处理技术的使用具有一定的局限性。在抽水初始阶段能有效去除地下水含水层中的污染物质，限制污染羽的扩散，但随着抽水的进行，可能出现明显的拖尾现象，即污染物浓度衰减速率逐渐变低；同时在抽水中断后存在地下水中污染物浓度较大幅度回升的风险。场地水文地质条件的复杂性及污染物与含水层介质的相互作用直接导致了抽出-处理技术实施过程中拖尾和回弹现象的出现。这一局限性使得抽出处理技术并不适用于处理被吸附能力较强的污染物及非水相液体污染的地下水含水层，且对于存在黏土透镜体或渗透性较差的含水介质处理效果不佳。

2. 抽出-处理技术应用案例

美国怀俄明州埃文斯维尔市某污染场地的主要污染物为氯化溶剂。1989 年 12 月的监测结果显示：反式 1, 2-二氯乙烷最高浓度达到 500 μg/L、三氯乙烯最高浓度达到 430 μg/L、四氯乙烯最高浓度达到 540 μg/L、

1, 1, 1-三氯乙烷最高浓度达到 500 μg/L。采用抽出-处理技术、土壤气相抽提技术进行修复，修复目标包括以下几点。

（1）场地内及其上游区域地下水污染羽中污染物浓度降低至不大于饮用水污染物最大浓度值（MCLs）。

（2）对剩余小范围污染羽进行监测，保证其在合理的时间限制内通过自然衰减达到不大于饮用水污染物最大浓度值（MCLs）的要求。

（3）具体修复目标为三氯乙烯（TCE，5 μg/L）、四氯乙烯（PCE，5 μg/L）、顺式 1, 2-二氯乙烷（trans-1, 2-DCE，100 μg/L）、顺式 1, 2-二氯乙烷（cis-1, 2-DCE，70 μg/L）、1, 1-二氯乙烯（1, 1-DCE，7 μg/L）、1, 1, 1-三氯乙烷（1, 1, 1-TCA，200 μg/L）。

修复工程于 1994 年 6 月至 2001 年 3 月实施，现阶段抽出-处理系统已暂停使用，但对地下水残余污染羽的自然衰减情况的监控仍在进行。截止到 1997 年 12 月，共处理污染地下水 1.928×10^8 加仑①。具体修复实施工作包括：①在重点修复区域布设 3 口抽水井，抽水速率平均为 103 加仑/min；②抽出的污染地下水使用空气吹脱方式进行处理，达到修复目标后通过渗滤沟回渗；③在进行抽出-处理前使用土壤气相抽提技术去除残存的地下水污染源。

修复完成后的土壤验收和长期监测结果如下。

（1）监测数据显示：重点修复区域地下水中主要污染物浓度均有大幅度的降低。四个污染源区中，有三个区域在 1996 年的最后两次采样检测中主要污染物浓度达到了修复目标值；另外一个区域内总污染物浓度为 9.4 μg/L。

（2）1993 年 3 月至 1996 年 12 月的监测数据显示：位于污染羽下游位置的监测井地下水样品中的主要污染物浓度均有下降，但至少存在 1 个监测井单类污染物浓度明显高于修复目标值。

---

① 加仑，容（体）积单位，对于美制湿货，1 加仑=3.78543 L。

（3）从污染地下水中清理出了将近 21 磅（约合 9.5 kg）的污染物。该地下水修复工程共花费 918 000 美元，其中包括基建费用 305 000 美元、运营与维护费用 613 000 美元。经折算，每抽取 1000 加仑污染地下水需花费 5.65 美元，每分离出一磅污染物需花费 44 000 美元。

2.2.2 原位化学氧化/还原

1. 技术原理及其适用性

原位化学氧化技术（*in situ* chemical oxidation）是指通过向污染土壤或地下水中加入适量氧化剂对其进行修复。该技术可用于处理石油烃、BTEX（苯、甲苯、乙苯、二甲苯）、酚类、MTBE（甲基叔丁基醚）、含氯有机溶剂、多环芳烃、农药等大部分有机物，常见的化学氧化药剂包括芬顿试剂、高锰酸盐、臭氧、过硫酸盐等。四种试剂中高锰酸盐、芬顿试剂应用最为广泛，臭氧次之，过硫酸盐应用较少。各常用化学氧化剂基本性质见表 2-3。

表 2-3 常用化学氧化剂基本性质

氧化剂名称	反应组分	氧化剂形态	在地下介质中的存在时间
高锰酸盐	MnO_4^-	粉末状/液态	大于三个月
芬顿试剂	$\cdot OH, \cdot O_2^-, HO_2, HO_2^-$	液态	数分钟～数小时
臭氧	$O_3, \cdot OH$	气态	数分钟～数小时
过硫酸盐	$\cdot SO_4^-$	粉末状/液态	数小时～数星期

原位化学还原技术（*in situ* chemical reduction）与原位化学氧化技术类似，即通过向土壤或地下水的污染区域加入还原剂或放置能产生还原剂的材料，使土壤或地下水中的污染物转化为无毒或相对毒性较小的物

质的方法，主要用于处理重金属类（如六价铬）、氯代有机物（如三氯乙烯）等有毒有害污染物，其中金属离子及准金属离子的原位化学还原通过直接沉淀、共沉淀、间接吸附和沉淀等作用完成。

常见的还原剂或材料包括零价铁、聚硫化物、亚硫酸氢钠、二价铁、双金属材料（如铁材料表面覆盖钯或银薄层）等，其中零价铁最为常用。还原剂或还原材料通过两种方式接触受污染土壤或地下水，分别为原位直接注入和构建可渗透性反应墙。直接注入方式主要用于修复重污染区域土壤、地下水，可渗透性反应墙仅对流经它的污染地下水进行修复。

在使用原位化学氧化技术修复污染地下水的过程中，需重点关注氧化剂在地下含水介质中存在的持久性。氧化剂的持久性直接关系到其能否到达目标修复区域并与污染物发生有效反应。同等条件下，持久性较强的氧化剂在含水介质中的迁移距离更大，并可逐步扩散进入低渗透性介质，这对于控制修复时间和修复成本都是十分有利的。但由于不同污染场地污染物类型有所差异、水文地质条件的复杂程度不一，在选取氧化药剂时需综合考虑各方面因素。原位氧化还原技术的应用亦是如此。修复试剂的选择应建立在已获取场地全面可信的水文地质参数的基础上，并严格遵循从实验室小试—场地中试—实际修复应用的基本步骤，切忌盲目选择，片面追求修复速度和成本，忽视修复质量。

2. 原位氧化技术应用案例

美国佛罗里达州彭萨科拉海军飞行基地某污染地块的主要污染物为氯化溶剂，其中三氯乙烯最高浓度达到 3600 μg/L，二氯乙烷最高浓度达到 520 μg/L，氯乙烯 63 μg/L。使用原位化学氧化技术修复受污染的地下水，加压注入芬顿试剂（包括浓缩后的过氧化氢和二价铁催化剂）；对原位化学氧化技术修复的受污染地下水进行评估，未明确修复目标。

修复工程从 1998 年 11 月开始，1999 年 5 月结束，共分为两个阶段实施。

（1）第一阶段，6 个注入井设置于地下水上游位置，设置深度 11～31 英尺①，地下水下游位置设置注入井 8 个，设置深度 35～40 英尺。1998 年 12 月耗时 5 天共注入 4089 加仑 50%的过氧化氢及相同体积的二价铁催化剂。

（2）第二阶段，1999 年 5 月，耗时 6 天注入 6038 加仑 50%的过氧化氢、相同体积的二价铁催化剂外加磷酸。抽出-处理系统从 1987 年起开始在该场地运行，1995 年监测数据显示，残存污染物主要聚焦在监测井 GM-66 附近，浓度出现回弹现象的监测井数量由 7 个减为 5 个。经原位氧化修复后，2000 年该场地抽出-处理系统彻底关停，开始对其自然衰减过程进行监控。

各阶段修复效果如下。

（1）第一阶段监测结果显示：监测井 GM-66 附近氯化溶剂浓度降低了 81%，部分监测井位污染物浓度有所回弹。

（2）第二阶段监测结果显示：包括第一阶段有所回弹的监测井在内，氯化溶剂浓度均有所降低，经过第二阶段修复后污染源已大幅度减少。

两阶段原位化学氧化共花费 250 000 美元，后期自然衰减监测成本为每年 100 000 美元。场地内原使用的抽出-处理系统每年运行费用为 70 000 美元，监测费用为每年 100 000 美元，系统运行 20 年间共花费近 340 万美元。由此可见原位氧化还原技术的使用大幅降低了修复成本。

3. 原位还原技术应用案例

华盛顿州温哥华市某污染场地的主要污染物为重金属（铬），其中土壤中铬最高浓度达到 7500 mg/kg、地下水中铬最高浓度达到 300 000 µg/L；使用原位化学还原技术修复污染源区及其下游的污染土壤及地下水，并设定了如下修复目标。

（1）土壤中六价铬浓度不超过 19 mg/kg，三价铬浓度不超过

---

① 英尺，长度单位，1 英尺≈0.3048 m。

80 000 mg/kg。

（2）地下水中总铬浓度不超过 50 μg/L。

修复进程包含两个阶段，分别为：①2002 年 5 月至 2002 年 10 月场地中试试验；②2003 年 1 月至 2003 年 9 月场地修复工程实施。

修复土方量为 16 026.57 m³，地下水修复体积为 841 m³。修复实施情况如下。

（1）污染源区修复深度范围为 6.7～10 m，其修复作业共分为两步：①通过原位注射药剂（ECOBOND，一种含硫试剂）使六价铬还原为三价铬；②土壤修复达标后，灌入水泥浆以提高其结构强度。

（2）在下游位置设置氧化还原反应控制墙（ISRM）处理随地下水运移的铬化物。反应墙共包括 8 对注入井（共 16 个注入井）。每对注入井包括一个深井（开筛位置所在深度范围为 8.5～10 m）和一个浅井（7～8.5 m）。反应墙运作过程中共消耗亚硫酸氢钠试剂约 5700 加仑。

修复工程结束后，污染源区土壤中总铬浓度由最高 7500 mg/kg 减少至未检出水平（<5 mg/kg），地下水中总铬浓度降低至 800 μg/L 以下（由检测仪器检出限限制，使用仪器为 HACH 铬测试套件）；氧化还原反应控制墙处地下水中总铬浓度降低至 25 μg/L。

氧化还原反应控制墙：以 2003 年美国物价水平测算，反应墙基建费用投入为 350 300 美元，运营及维护费用为 679 700 美元，每平方米反应墙成本约为 3552 美元。污染源区土壤、地下水修复：以 2003 年美国物价水平测算，基建费用为 398 000 美元，运营及维护费用为 2 021 500 美元，每立方米修复成本为 162.2 美元。

2.2.3　原位曝气技术

1. 技术原理及其适用性

地下水原位曝气技术（*in situ* air sparging）是一种去除饱和土壤和

地下水中可挥发物质的有效方法，和土壤气相抽提技术可以形成较好的互补作用。它的基本原理是，利用垂直井或者水平井，用气泵将空气注入受污染的水面下，促进挥发性污染物从土壤以及水中向空气中传质的过程，进入空气的污染物经过气流引导到达地下水位以上的非饱和区域，然后通过 SVE 系统进行处理。而且，原位曝气法为土壤和地下水中的好氧微生物提供了氧气，促进了生物降解作用，在一定程度上加快了修复进程。污染物在 AS 过程中的迁移转化机制包括挥发、溶解、吸收、解吸和生物降解等，传质过程包括对流扩散、机械扩散和分子扩散等。

原位曝气技术可有效去除土壤和地下水中的挥发性有机物以及可以被好氧生物降解去除的有机物。例如，石油烃污染场地主要污染物为挥发性较强的轻质石油烃，该技术理论上可以得到较好的修复效果。其主要优点是：①设备简单，操作成本低；②修复过程对现场破坏较小；③适于去除地下水中难移动处理的污染物（如重非水相溶液，DNAPL）。

同时该技术也有一定的局限性：①对非挥发性物质的去除效果不理想；②对土壤渗透率有一定要求，不适用于低渗透性或高黏性土壤；③可能引起污染物迁移，导致二次污染。

2. 原位曝气技术应用案例

美国佛罗里达州的污染场地、新墨西哥州某燃料站、缅因州某服务站、马萨诸塞州某燃料站四个污染场地的主要污染物均为甲基叔丁基醚（MBTE，215～62 000 μg/L），来源于汽油储罐泄漏。

修复项目持续时间为 4～21 个月，佛罗里达州污染场地地下水中 MBTE 含量降至 5 μg/L 以下，并且在项目结束后的 6 个月内没有反弹迹象；新墨西哥州污染场地地下水中 MBTE 含量降至 27 μg/L，并且在 6 个月后进一步降至 8 μg/L；缅因州污染场地地下水中 MBTE 含量降至 16～980 μg/L，并在后续 6 个月中降至低于检出限 115 μg/L；马萨诸塞州污染场地地下水中 MBTE 含量降至 115 μg/L 且无反弹现象。

2.2.4　原位生物修复技术

1. 技术原理及其适用性

原位生物修复技术（*in situ* bioremediation）是利用土壤和地下水中天然存在或特别培养的生物（特别是微生物）将污染物分解转化的处理技术。这一技术通过向土壤和地下水中添加氧或者其他电子受体，必要时添加 N、P 等营养元素，或者接种驯化原土壤和地下水中不存在的高效微生物的方式，对土壤和地下水进行修复。在原位曝气技术中，通过向土壤和地下水中通入氧气，同样也会发生微生物修复作用。

用于原位生物修复技术的微生物主要包括细菌和真菌两类，可降解的有机污染物种类分为石油类、农药、氯代物、多氯酚、多环芳烃和多氯联苯类等。

微生物紧密吸附在污染物上并分泌胞外酶，胞外酶将大分子多聚体水解为小分子可溶物，小分子物质通过跨膜运输进入细胞内，在降解酶的促进作用下最终被分解为二氧化碳和水，微生物通过代谢过程获得能量。正常的生物降解过程较为缓慢，在地下水修复过程中，一般通过外源电子受体（如氧气）、微生物、碳源以及营养盐的添加实现对微生物降解过程的强化。

微生物修复技术的优点是：①可原位进行，减少运输费用和直接接触污染物的机会，减少对污染场地的破坏；②物质转化彻底，好氧微生物最终将污染物分解为二氧化碳和水；③与其他技术的结合性强（如原位曝气技术、双相抽取技术）。而其局限性体现在：①由于微生物对污染物的降解具有选择性，并且一般为好氧降解，对一些污染物的效果很有限；②地下水微生物原位处理相比于一般微生物处理，其环境条件较难控制。

2. 原位微生物修复技术应用案例

（1）美国加利福尼亚州的萨克拉门托某喷气发动机工厂某污染地块的主要污染物为高氯酸盐、三氯乙烯（TCE）（两者形成混合物），主要来自于露天焚烧废弃燃料和溶剂倾倒，土壤表层（36～57 英尺）的高氯酸盐混合物浓度为 65～330 μg/L，深层（75～105 英尺）的高氯酸盐混合物浓度为 970～3920 μg/L。

该修复工程通过添加电子受体（柠檬酸和液态二氧化氯）促进微生物代谢作用，并通过地下水再循环系统强化电子受体与微生物的接触作用。经过两年（2004 年 9 月至 2006 年 12 月）的修复过程，浅层高氯酸盐的去除率达到96%，深层高氯酸盐混合物的去除率达到88%；对三氯乙烯的去除率达到 76%（浅层）和 71%（深层）（未达到两种污染物的去除目标，两者的去除目标分别为 99.8%和 95%）。

修复工程总成本为 1 023 900 美元，其中场地选取和表征耗费 195 400 美元，可行性研究耗费 74 800 美元，工程设计耗费 208 100 美元，设备和耗材耗费 252 500 美元，研究及人力资本耗费 293 100 美元。

（2）美国田纳西州查塔努加某污染场地的主要污染物为甲基叔丁基醚（MTBE）、苯系物（BTEX）、石油烃（TPH），来源于地下石油储罐的泄漏，其中 MTBE 浓度为 5000 μg/L，BTEX 浓度为 8000 μg/L，TPH 浓度为 300 000 μg/L，受污染土壤约为 15 000 立方米。

该修复工程采用了酶催化溶解氧处理技术，复合催化酶提取自原生 TPH 降解菌，并且控制地下水中的溶解氧浓度为 40 mg/L，通过水平和垂直注水井置换深层地下水和有催化酶/菌团混合物的含氧水。经过 360 天的处理，MTBE 浓度由 5000 μg/L 降为 200 μg/L，BTEX 由 8000 μg/L 降为 1000 μg/L，TPH 由 300 000 μg/L 降为 50 000 μg/L（未达到修复目标，MTBE 目标浓度为 100 μg/L，TPH 目标浓度为 1000 μg/L）。该项目的启动成本为 30 000 美元，每月的维护费为 4000 美元。

2.2.5　可渗透性反应墙

1. 技术原理及其适用性

可渗透性反应墙（permeable reactive barrier）是 20 世纪 90 年代在欧美等发达国家和地区兴起的用于原位去除污染地下水中污染组分的修复方法，其主要机理为在地下安装透水的活性材料墙体拦截污染物羽状体，当污染物羽状体通过反应墙时，污染物通过在可渗透反应墙内发生沉淀、吸附、氧化还原、生物降解等作用得以去除或转化，从而实现地下水净化的目的。

1）可渗透反应墙的结构类型

可渗透性反应墙结构类型主要可分为两类：即连续式可渗透性反应墙和漏斗-渗透门式可渗透性反应墙。连续式可渗透性反应墙结构较为简单，其设置面积需足够大以确保整个污染羽都能通过墙体并得到修复。漏斗-渗透门式可渗透反应墙将隔水漏斗嵌入隔水层中，引导污染地下水汇入导水门，汇集后经过含有反应介质的墙体以达到修复目的。漏斗-渗透门式可渗透性反应墙又可分为单通道系统和多通道系统两类，其中多通道系统包括并联多通道和串联多通道两种结构。当地下水污染羽横向分布范围较大，污染组分相对单一时，多采用并联多通道结构；对于污染组分较为复杂的地下水污染羽的处理，一般采用串联多通道结构。每个处理单元可以装填不同的活性填料，以实现将多种污染物同时去除的目的。

可渗透反应墙结构的设计需要详尽的场地水文地质资料的支撑。反应墙底端应嵌入弱透水层中，以保证污染羽不通过反应墙底部继续扩散；其设置方向应以最大限度截获污染羽为原则，综合考虑地下水流向季节性变化及含水层介质的非均质性。反应墙渗透系数应为含水介质的两倍及以上，以保证污染羽优先通过反应墙活性介质。

反应材料的选择是可渗透反应墙设计过程中所需考虑的另一关键问题，其反应性、稳定性、性价比、水力性能、环境兼容性等多种因素直接影响到修复效果。现阶段主要通过实验室进行批量试验和柱式试验，确定活性反应介质并测试其修复效果和反应动力学参数，进而延伸至场地中试直至全面应用于地下水修复工程。常用的活性材料及其可处理污染物类型见表 2-4。

表 2-4 活性材料及关注污染物

污染物	零价铁	微生物	磷灰石	沸石	反应性炉渣	零价铁-碳纤维复合	有机土
氯化乙烯、乙烷	F	F			L	F	
氯化甲烷、丙烷						F	
有机氯农药						P	
氟利昂						L	
硝基苯	P						
苯、甲苯、乙苯、二甲苯		F					
多环芳烃							L
高氯酸盐		F	F	L		L	
矿物杂酚油							F
金属阳离子（铜、镍、锌等）	L	F	F		L	F	
砒霜	F			L	F	F	
六价铬	F			L	L	F	
铀	F	P	F			F	
锶-90			F	F			

污染物	零价铁	微生物	磷灰石	沸石	反应性炉渣	零价铁-碳纤维复合	有机土
硒	L					L	
磷酸盐						F	
硝酸盐		F	F			F	
铵						L	
硫酸盐		F				L	
甲基叔二丁醚		F					

注：F=已有实际工程应用；L=实验室试验阶段；P=场地中试阶段。

2）可渗透性反应墙的安装形式

可渗透性反应墙通常采用传统沟槽式开挖、沉箱式安装、芯轴式安装、连续式开挖安装等方式进行设置。实际修复工程中所设方式的选择需综合考虑场地地层结构、污染羽范围、反应介质性质、费用预算等多种因素，目前传统沟槽式开挖是应用最为广泛的设置方式，当设置深度大于 10 m 时，一般很少采用挖掘方式设置，而改用诸如高压旋喷、水力压裂等新型方式，以节省设置时间和成本。

2. 可渗透性反应墙应用案例

美国内布拉斯加州格兰德岛某军队弹药厂某污染地块的主要污染物为2,4,6-三硝基甲苯（TNT），环三亚甲基三硝胺（俗称黑索金，RDX）；采用可渗透性反应墙技术修复受爆炸物污染的地下水，以零价铁作为反应介质。可渗透反应墙设置于污染羽下游位置，长约50英尺，厚约3英尺，深约15英尺。可渗透性反应墙周围设置有地下水监测网络，每隔20个月进行一次采样分析。设定的修复目标为地下水中TNT和RDX浓度经处理后降低90%或低于1 μg/L。修复工程实施从2003年11月开始，2005年7月竣工。

在预期时间内，取得了良好的修复效果，地下水中 TNT 和 RDX 含量浓度均低于检出限。原位反应性测试显示：反应墙中的零价铁可在较长时间内保持对爆炸物的去除效果，但反应墙所表现出的水力学性能可能影响其作用的长期有效性。修复过程中部分污染地下水通过反应墙底部空隙流出，这可能是受反应墙安装过程中所使用的瓜尔胶残留于地下介质中等多种因素的影响。

修复成本：本次地下水修复试验属中试规模，反应墙安装费用为138 000 美元，每平方英尺的安装成本约为 180 美元，试验总体花费（包括场地调查、可渗透性反应墙的设计、安装、运行和维护）为 603 600 美元。

2.2.6 监控式自然衰减

1. 技术原理及其适用性

自然衰减依赖自然过程去除或减少污染土壤、地下水中的污染物。大多数受污染场地都伴随有自然衰减过程，但在地下条件不适宜的情况下其自然衰减往往是极为缓慢且不完全的。通过科学的监测手段，判断污染场地内的自然衰减是否正在有效地进行，即为监控式自然衰减技术（monitored natural attenuation）。

当土壤、地下水环境受到化学物质污染时，自然界可通过以下五种方式去除环境中的污染物质。

（1）生物降解作用，土壤、地下水中的微生物等可吞噬污染物质作为其食物，并通过消化作用将其转化为水和气体。

（2）化学物质可以吸附或固定在土壤颗粒表面，这种情况下虽然未能减少污染物，但可以有效防止其向四周扩散，避免其向下运移污染地下水。

（3）随着污染物在土壤和地下水中的不断运移，由于稀释作用，污染物质浓度可能会有所降低。

（4）有些化学物质，如石油及有机溶剂，均有一定的挥发性，在自然条件下可能发生挥发，由液态变为气态，一旦转为气态上升至地面以上，便可能在阳光的作用下发生分解。

（5）地下介质与污染物质之间可能发生化学反应，反应可将污染物质转化为危害较小的物质。例如，在低氧条件下，六价铬可能与地下水中的亚铁离子发生反应，转化为毒性较小、迁移性较弱的三价铬。

监控式自然衰减适用于碳氢化合物［如 BTEX（苯、甲苯、乙苯、二甲苯）、石油烃、多环芳烃、MTBE（甲基叔丁基醚）］、氯代烃、硝基芳香烃、重金属类、非金属类（砷、硒）、含氧阴离子（如硝酸盐、过氯酸）等多种污染物类型的修复与治理。在使用监测式自然衰减技术前最好将污染源彻底清除，以保证修复效果。

污染场地满足下列条件时，可考虑使用监测性自然衰减。

（1）污染羽稳定且风险评估结果显示污染地下水对人体健康的影响属于可接受范围。

（2）污染场地不急于再开发利用，业主可接受较长的修复周期。

（3）经测算，监测性自然衰减成本远低于其他修复技术。

（4）场地内水文地质条件等资料翔实，且对于场地修复目标污染物的自然衰减过程已有较为深入的了解。

一个完整的监测性自然衰减系统需囊括监测井网系统、监测计划、自然衰减性能评估系统和紧急备用方案四个部分，缺一不可，其具体实施步骤如下。

（1）初步评价监控自然衰减的可行性。

（2）构建地下水监测系统。

（3）制定监测计划。

（4）详细评价监控自然衰减的效果；提供进一步的标准来确认是否监控自然衰减可能是有效的。完成效果评估后，需要审查监控数据、污染物的化学和物理参数及现场条件，确定场地组成特征。

（5）制定应急方案。在监控过程中，在合理的时间框架下，若发现自然衰减无效，则需要执行应急方案。

监控式自然衰减潜在的优势与劣势均十分明显，其优势在于：①作为一种原位修复技术更好地降低了工程人员接触受污染介质的危险性，实施过程中几乎不存在二次污染问题；②可单独或与其他技术配合使用，且运行成本相对于现有修复技术而言较低。

这一技术的潜在劣势在于：①相对于其他地下水修复技术，其修复周期普遍较长；②存在经自然衰减后产生毒性或移动性更大的物质的可能，需要对修复过程采取严密的监测和管制措施；③存在监控式自然衰减效果不佳，污染羽发生扩散的可能，此种情况下需重新采取积极的修复措施。

2. 监控式自然衰减应用案例

美国密西西比州 Keesler 空军基地某污染地块主要污染物为苯系物和铅，其中土壤苯系物浓度最高为 166 mg/kg、铅浓度最高为 8.7 mg/kg，地下水中苯系物浓度最高为 22 400 μg/L、铅浓度最高为 21 μg/L。采用监测式自然衰减方式修复污染土壤和地下水，在进行监测之前使用生物曝气以及 DDC（密度驱使对流）地下水曝气系统去除污染源。

修复周期为 1997 年 9 月到 1999 年 4 月，设定了如下修复目标。

（1）土壤中苯系物浓度小于 100 mg/kg，地下水中苯系物浓度小于 18 mg/L。

（2）基于风险评价结果，将土壤中铅的修复目标定为 400 mg/kg，地下水中铅的修复目标定为 15 μg/L。

（3）土壤气的苯系物浓度不高于《职业卫生与安全条例》苯系物的暴露限值。

修复工程竣工后，1998 年 2 月监测结果显示，共有 1 个土壤样品苯系物浓度（166 mg/kg）超出土壤修复目标值；1 个地下水样品中苯系物浓度为 22.4 mg/L，3 个地下水样品中的铅浓度分别为 21 μg/L、21 μg/L、16 μg/L，超出地下水修复目标值。地下水中铅浓度较高且基本稳定，可能与该场地的地下水化学特征有关。1988~1998 年的监测数据显示：地下水污染羽核心部位的苯系物浓度自 1993 年 5 月起出现了较大幅度的变化，但整个污染羽范围基本保持稳定。长期监测过程中每次采样检测花费为 15 000 美元。

2.2.7 多相抽提

1. 技术原理及其适用性

多相抽提（multi-phase extraction，MPE）由土壤蒸气抽提技术（SVE）演化而来，是一种综合了土壤气相抽提和地下水抽提的新型修复技术，其主要原理为通过真空提取手段，抽取地下污染区域的土壤气体、地下水和浮油层到地面进行相分离及处理，以控制和修复土壤与地下水中的有机污染物。

MPE 系统通常由多相抽提、多相分离、污染物处理三个主要部分构成。多相抽提设备是 MPE 系统的核心部分，其作用是同时抽取污染区域的气体和液体 [包括土壤气体、地下水和非水相液体（NAPL）]，把气态、水溶态以及非水溶性液态污染物从地下抽吸到地面上的处理系统中。抽提可分为二相抽提（单泵，TPE）和双相抽提（双泵，DPE），其中二相抽提仅由真空设备提供抽提动力，双相抽提则由真空设备和水泵共同提供抽提动力。

多相分离指对抽出物进行的气-液及液-液分离过程。分离后的气体进入气体处理单元，液体通过其他方法进行处理。油水分离可利用重力沉降原理除去浮油层，分离出含油量低的水。

污染物处理是指经过多相分离后，含有污染物的流体被分为气相、液相和有机相等形态，结合常规的环境工程处理方法进行相应的处理处置。

与传统抽提技术相比，MPE 技术有其独有的优势，具体包括：①同时处理以气相、吸附相和自由相存在的污染物，对于中低渗透性介质中卤代有机物修复效果最佳，对于非卤代挥发性有机物及总石油烃也能起到较好的去除作用；②通过降低地下水位，使更多的含水层暴露于气相中；③为低挥发性污染物创造了好氧降解的条件；④可在更缓和的水位梯度下保持一定流量，抽提半径更大，减少抽提井数量；⑤可以在渗透性较低的土壤中采用；⑥降低轻质非水相液体（LNAPL）在漏斗面上的污染，利于回收；⑦能有效去除毛细管带的 NAPL；⑧修复时间较短。

与此同时，这一技术应用的局限性也较为明显：①抽提设备更为复杂，包括水处理及气相处理设备；②处理工艺更为复杂（分离和处理工艺）；③工艺优化调试更为复杂（水量、水位和真空度）；④某些 MPE 系统的应用深度受限；⑤相对于传统的抽提工艺，MPE 系统的前期启动和调试需要时间较长；⑥相对于传统的抽提工艺，MPE 修复成本增加。

当需要尽快去除污染物时，MPE 技术或许是一个不错的选择。待修复场地特征在满足表 2-5 中条件时，便可初步判定 MPE 技术适用于该场地，这些特征参数并不是 MPE 适用性的严格筛选标准，即使场地特征不满足上述特征，使用 MPE 技术也可能得到很好的修复效果，只不过在确定使用该技术时需要进行更为严谨的技术分析。

表 2-5　MPE 技术使用场地基本特征参数

类别	特征参数	单位	适用范围
场地参数	渗透系数	cm/s	$10^{-5}\sim10^{-3}$
	渗透率	cm^2	$10^{-10}\sim10^{-8}$
	导水系数	cm^2/s	<0.72
	空气渗透性	cm^2	$<10^{-8}$

续表

类别	特征参数	单位	适用范围
场地参数	地质环境	—	砂土到黏土
	土壤非均质性	—	均质
	污染区域	—	包气带、饱和带
	包气带含水率	—	较低
	地下水埋深	英寸	＞3
	土壤含水率（生物通风）	饱和持水量	40%～60%
	氧气含量（好氧降解）	—	＞2%
污染物性质	饱和蒸气压	mm Hg	＞（0.5～1）
	沸点	℃	＜（250～300）
	亨利常数	—	＞0.01（20℃）
	土-水分配系数	mg/kg	居中
	LNAPL 厚度	cm	＞15
	NAPL 黏度	cp	＜10

当确定使用 MPE 技术进行场地污染修复时，还需要进一步分析判断哪种类型的 MPE 系统更适合于修复场地。表 2-6 列举了低真空度二相抽提（LVDPE）、高真空度二相抽提（HVDPE）以及双相抽提（TPE）三种类型的多相抽提系统所适用的最佳场地条件。

表 2-6   不同类型多相抽提系统适用场地基本特征

场地特征	LVDPE 适用条件	HVDPE 适用条件	TPE 适用条件
地下水回水速率	不受限于地下水回水速率，但必须保证含水层能够被疏干	不受限于地下水回水速率，但必须保证含水层能够被疏干	＜0.019 m³/min

续表

场地特征	LVDPE 适用条件	HVDPE 适用条件	TPE 适用条件
目标污染物的最大赋存深度	不受限	不受限	1）最大深度为地下水面以下 15 m 左右（适用于地下水回水速率 < 0.019 m³/min 的场地）；2）最大深度为地下水面以下 6～9 m（适用于地下水回水速率 0.0076～0.019 m³/min 的场地）
含水层介质类型	砂层～粉土	粉土～黏土	粉土～黏土
包气带土壤透气性	中等渗透性（>10⁻³ 达西）	低渗透性（<10⁻² 达西）	低渗透性（<10⁻² 达西）

注：达西为渗透性单位，1 达西$=10^{-6}$ m²$=1$ mm²。

2. 多相抽提技术应用案例

美国加利福尼亚州圣克拉拉市某污染地块中的三氯乙烯为主要关注污染物，场地调查结果显示土壤和地下水中三氯乙烯的最高浓度分别为 46 mg/kg 和 37000 μg/L。采用多相抽提技术，利用双向抽提系统修复污染土壤和地下水，修复目标为总 VOC 浓度低于 10 mg/L。修复工程工期为 1996 年 11 月 19 日至 1999 年 5 月 4 日，1998 年 6 月 5 日到 9 月 8 日暂停多相抽提系统，以评估污染物浓度回弹状况。

该修复工程具体实施情况如下。

（1）修复场地内共布置 20 个双向抽提井，1 个抽水泵。

（2）每一对抽提井之间安置两个气动压裂装置，共安装气动压裂装置 41 个。

（3）伴随气动压裂的进行，使用低压低流速的空气压缩机将空气注入压裂部位。

（4）地下水抽提速率保持在 35 加仑/min。

（5）伴随气动压裂的进行，空气平均流量由 39in^3/min 增至 65in^3/min。

在系统运行的 1 个月后，包气带中 40%的污染物被去除，运行 5 个月后地下水抽提出的污染物开始多于通过土壤蒸气抽提出的污染物。修复工程竣工后，双相抽提系统共去除约 1220 磅挥发性有机物。通过土壤蒸气抽提出的污染物约 782 磅。修复后污染地下水中总挥发性有机物平均浓度由 12 000 μg/L 降至 800 μg/L。多相抽提系统关停阶段，污染物浓度保持相对稳定。经采样检测，修复后的 27 个土壤样品中总挥发性有机物平均浓度为 0.93 mg/kg。

双相抽提系统及气动压裂装置安装费用约为 300 000 美元。两年时间的设备运行与维护、报告编制及数据分析工作共花费 450 000 美元，废活性炭处置费用 100 000 美元。

第3章　污染场地修复工程环境监理概述

3.1　环境监理的概念及意义

3.1.1　概述

污染场地修复工程环境监理是指环境监理单位依据国家环境保护法律法规、污染场地修复相关技术导则、场地环境调查与风险评估报告、修复技术设计方案及施工组织设计方案以及环境监理合同等，对污染场地修复工程实施专业化的全程监督管理，提供环境保护相关技术咨询和跟踪服务，协助和指导业主单位落实修复工程的环境保护措施和要求。

我国工程监理已经发展到比较成熟的阶段，但环境监理，尤其是污染场地修复工程环境监理仍处于起步阶段。二者在工作目的、工作对象和工作内容等方面都存在很大的差别。理清环境监理单位与工程其他相关单位之间的关系是做好环境监理工作的前提之一。环境监理单位作为保障修复工程顺利开展、提供环境监督管理服务的机构，在整个修复过程中具有不可替代的作用。图 3-1 简要勾勒了污染场地修复工程中环境监理单位与其他各相关部门之间的关系和联系。环境监理机构应协调修复工程建设相关方的关系，除另有规定外宜采用业务联系单（样式见表 3-1）形式进行。

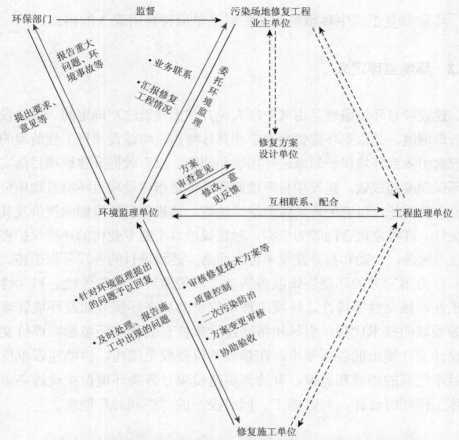

图 3-1　污染场地修复工程环境监理单位与修复工程各方关系
图中虚线表示与环境监理单位不直接相关的两单位的关系

表 3-1　环境监理业务联系单

致： 事由：　　　环境监理单位（盖章） 　　　　　　　　　　　　　　　　　　　　　　　　　　　　　　　　总环境监理工程师： 　　　　　　　　　　　　　　　　　　　　　　　　　　　　　　年　月　日
受理单位签署意见： 　　　　　　　　　　　　　　　　　　　　　　　　　　　　　　　　受理单位（盖章） 　　　　　　　　　　　　　　　　　　　　　　　　　　　　　　　　负责人： 　　　　　　　　　　　　　　　　　　　　　　　　　　　　　　年　月　日

实际修复工程中环境监理业务联系单应符合附表 3 的格式。

3.1.2　环境监理定义

　　建设项目环境监理是由《中华人民共和国建筑法》确定的一项建设工程管理制度，是根据环保管理要求和具体特点，将建设项目工程监理的管理理念引入到环境保护领域进行拓展和创新，以有效提升建设项目落实国家环保制度的成效。建设项目环境监理具体是指建设项目环境监理单位受建设单位委托，以有关环境保护法律法规、建设项目环境影响评价及其批复文件、环境监理合同等为依据，对建设项目实施专业化的环境保护咨询和技术服务，协助和指导建设单位全面落实建设项目的各项环保措施。

　　作为第三方的环保咨询服务活动，环境监理具有服务性、科学性、公正性、独立性等特性。环境监理单位借助其在环保专业及环境管理等业务领域的技术优势，引导和帮助建设单位有效落实环境影响评价文件和设计文件提出的各项要求，在建设单位授权范围内，协助建设单位强化对承包商的指导和监督，有效落实建设项目各类环境保护设施必须与主体工程同时设计、同时施工、同时投产的"三同时"制度。

3.1.3　环境监理主要功能

　　建设项目环境监理主要功能包括以下方面。

　　（1）建设项目环境监理单位受建设单位委托，全面核实设计文件与环评及其批复文件的相符性。

　　（2）依据环评及其批复文件，督查项目施工过程中各项环保措施的落实情况。

　　（3）组织建设期环保宣传和培训，指导施工单位落实好施工期各项环保措施，确保环保"三同时"的有效执行，以驻场、旁站及巡查方式实施监理。

（4）发挥环境监理单位在环保技术及环境管理方面的业务优势，搭建环保信息交流平台，建立起环保沟通、协调、会商机制。

（5）协助建设单位配合好环保主管部门的"三同时"监督检查、建设项目环保试生产审查和竣工环保验收工作。

3.1.4　开展环境监理的建设项目类型

按照环境保护部于 2012 年 1 月下发的《关于进一步推进建设项目环境监理试点工作的通知》（环发[2012]5 号文）的要求，各级环境保护行政主管部门在审批下列建设项目环境影响评价文件时，应要求开展建设项目环境监理。

（1）涉及饮用水水源、自然保护区、风景名胜区等环境敏感区的项目。

（2）环境风险高或污染较重的建设项目，包括石化、化工、医药、火力发电、农药、医药危险废物（含医疗废物）集中处置、生活垃圾集中处置、水泥、造纸、电镀、印染、钢铁、有色金属冶炼及其他涉及重金属污染物排放行业中的建设项目。

（3）施工期环境影响较大的建设项目，包括水利水电、煤矿、矿山开发、石油天然气开采及集输管网、铁路、公路、城市轨道交通、码头、港口等建设项目。

（4）环境保护行政主管部门认为需开展环境监理的其他建设项目。各省级环境保护行政主管部门可根据本辖区建设项目行业和区域环境特点，进一步明确需要开展环境监理的建设项目类型。

3.2　开展污染场地修复工程环境监理的必要性

我国 2002 年开始引入工程环境监理制度，并在少数国家重点建设项目中开展工程环境监理试点。目前，化工医药行业、印染行业、水利水电行业、煤炭行业、油气管道行业、铁路建设行业、公路建设行业、港口建设行业、电力行业等行业（图 3-2）已在环境监理方面开展了大量基础研究和工程实践，初步探索出了环境监理工作程序、工作内容、技术方法、环境监理工作制度、环境监理文件管理等一套技术体系；浙江、江苏、河南、辽宁、陕西等省份在试点的基础之上制定了各省的环境监理管理办法（表 3-2），但目前尚无统一的环境监理国家规范、标准。

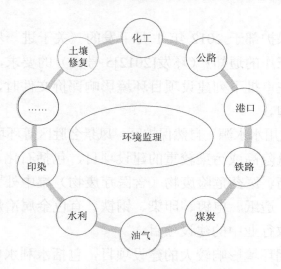

图 3-2　环境监理涉及行业

表 3-2　我国建设项目环境监理管理规范的发展概况

部门/地区	时间/年	管理规范
浙江省	2002	《关于进一步加强建设项目环境保护"三同时"监理工作的通知》（浙环发[2002]89 号）
	2004	《关于在建设项目中推行环境监理的通知》（浙环发[2004]23 号）
	2004	《浙江省建设项目环境保护管理办法》
交通部	2004	《关于开展交通工程环境监理工作的通知》（交环发[2004]314 号）及《开展交通工程环境监理工作实施方案》

续表

部门/地区	时间/年	管理规范
深圳市	2005	《深圳经济特区建设项目工程环境监理暂行办法》
	2006	《深圳市经济特区建设项目环境保护条例》
湖南省	2007	《湖南省建设项目环境保护管理办法》
山西省	2007	《关于在项目建设中推行环境工程监理工作的通知》（晋环发[2007]306 号）
贵州省	2007	《关于进一步加强建设项目环境管理工作的实施意见》（黔环发[2007]4 号）
辽宁省	2007	《辽宁省建设项目环境监理管理暂行办法》
	2011	《辽宁省建设项目环境监理管理办法》
陕西省	2008	《关于进一步加强建设项目环境监理工作的通知》（陕环发[2008]14 号）
	2013	《建设项目环境监理规范》（DB 61/T571—2013）（全国率先制定、颁布）
水利部	2009	《关于开展水利工程建设环境保护监理工作的通知》（水资源[2009]7 号）
江苏省	2009	《建设项目环境监理工作指南（试行）》
	2011	《江苏省建设项目环境监理工作方案》
山东省	2010	《关于开展部分重点建设项目监理试点工作的通知》（鲁环发[2010]114 号）
广西壮族自治区	2010	《关于印发广西壮族自治区建设项目环境监察办法（试行）的通知》（桂环发[2010]106 号）
河南省	2011	《河南省建设项目环境监理管理暂行办法》（豫环文[2011]68 号）
青海省	2011	《青海省建设项目环境监理管理办法（试行）》（青环发[2011]653 号）
重庆市	2011	《建设项目环境监理技术规范（试行）》（渝环发[2011]202 号）
福建省	2012	《福建省环保厅贯彻环保部关于进一步推进建设项目环境监理工作的通知》（闽环发[2012]28 号）
江西省	2012	《关于在我省开展建设项目环境监理工作的通知》（赣环评字[2012]252 号）
内蒙古自治区	2012	《内蒙古自治区建设项目环境监理管理暂行办法》（内政办字[2012]195 号）

续表

部门/地区	时间/年	管理规范
甘肃省	2012	《甘肃省建设项目环境监理管理办法（试行）》（甘环发[2012]66 号）
安徽省	2012	《安徽省建设项目环境监理试点工作实施办法》
环境保护部	2009	《环境保护部建设项目"三同时"监督检查和竣工环保验收管理规程（试行）》（环发[2009]150 号）
	2012	《关于进一步推进建设项目环境监理试点工作的通知》（环发[2012]5 号）

随着我国土壤和地下水污染问题的日益突显，针对污染场地的修复工程也逐渐增多。但我国污染场地修复治理行业现正处于起步阶段，缺乏系统、完整的技术规范要求。目前，污染场地修复工程现有工作程序主要分四步（图3-3）：场地调查→风险评估→场地修复→工程验收。污染场地（包括地下水）修复工程属于生态环保工程，多具有一定的复杂性、隐蔽性等特殊性，可能会引发二次污染问题。例如，杭州某农药厂遗留场地修复项目，开挖及处置过程中的土壤有机污染物挥发造成异味扰民，说明了污染场地修复过程中环境监管措施的重要性和不可替代性。环境监理作为保障修复工程实施过程中落实生态环境保护措施的直接有效手段，旨在全面监控修复施工过程、防范土壤及地下水修复施工

图 3-3　污染场地修复工程工作程序

产生的二次环境污染问题、提高环境保护工作力度、完善全过程环境管理，具有十分重要的意义。

由表 3-2 可知，全国多数省份及相关管理部门已经有正式的文件启动了环境监理工作，但污染场地修复工程环境监理具有与建设项目环境监理不同的特点和要求，主要体现在环境修复工程处置对象多为危害健康的污染物，修复工程环境监理工作需要介入修复工程主体，而不仅仅局限在环境达标和环保工程监理。污染场地修复具有较强的专业性、前沿性，修复技术多样、过程复杂、风险和敏感度高（图 3-4），这些因素决定了污染场地修复工程需要制定具有针对性的环境监理程序和方法，而不能简单套用建设项目的环境监理技术方法。

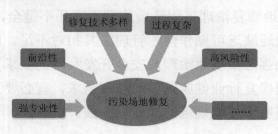

图 3-4　污染场地修复特点

目前我国污染场地修复治理行业发展迅速，但污染场地修复治理工程环境监理尚处于无规范、无约束的初级阶段。监理单位和监理人员缺乏系统的技术和管理指导依据，环境监理的形式、程序、方法、内容和工作要点，环境监理的工作制度，监理文件的构成均无标准的规范化要求，成为制约我国污染场地修复治理行业健康发展和保障污染场地再开发利用环境安全的瓶颈。

污染场地修复工程环境监理是场地修复工程中一项体现环境监管要求的重要工作内容。国际上，污染场地修复开展较早的部分国家在污染场地修复工程环境监管领域开展了大量工作，例如，澳大利亚、加拿大等国形成了相对成熟、完整的管理体系，使之成为了一项在市场机制下运行的环境监管制度。我国污染场地修复工程环境监理开展较晚，但近年大型污染场地修复治理工程也多会引入环境监理（表3-3），相关技术规范目前主要是借鉴行业或建设工程有关的规定、标准（表3-2）。2014年，环境保护部发布了《污染场地土壤修复技术导则》等（HJ 25.4—2014，图3-5），首次明确将环境监理纳入我国污染场地修复的工作范畴，指出修复工程环境监理、二次污染监控等内容应包含于修复工程环境监测计划和环境管理，标志着污染场地修复工程环境监理规范化、制度化的开端，但未涉及具体技术要求。2014年12月初，环境保护部印发《工业企业场地环境调查评估与修复工作指南（试行）》，对场地修复工程环境监管内容、程序、监理要点和方法等方面提出了简要工作说明和要求。总体上，污染场地修复治理工程环境监理程序还不健全，缺乏法律基础；相应的技术要求还缺乏可操作性，管理工具相对不足。因此，基于国家主管部门有关加强污染场地治理及安全开发利用的要求，以及引导和规范污染场地治理修复行业健康发展的现实需求，有必要开展污染场地修复治理工程环境监理技术规范的探索与实践。

表 3-3 我国污染场地修复工程环境监理案例简介

地区	时间	项目名称	污染类型	修复技术	环境监理单位
江苏常熟	2011年	常熟市辛庄镇场地污染土壤修复项目	有机物污染	重度污染土壤：水泥窑处置；轻度污染土壤：消解或生物处理	环境保护部南京环境科学研究所
	2012年		有机物污染	固化/稳定化处理	
浙江杭州	2012年	杭州庆丰农化有限公司退役厂区场地污染土壤清理与修复项目	有机物污染	气相抽提、热脱附和固化/稳定化、化学氧化等修复技术	浙江东方工程管理有限公司
湖北武汉	2013年	原武汉染料厂生产场地重金属复合污染土壤修复治理工程	重金属与有机物复合污染	重金属污染土壤：固化/稳定化技术；有机物污染土壤：常温解吸和化学氧化联合修复技术	武汉飞虹建设监理有限公司

续表

地区	时间	项目名称	污染类型	修复技术	环境监理单位
山东淄博	2013 年	新华东风化工厂污染场地修复工程	有机物污染	—	山东省环境保护科学研究设计院
江苏南京	2013 年	南京市某原油泄漏污染场地应急处置工程	原油污染	水泥窑焚烧	江苏省环境科学研究院
重庆	2013 年	重庆市万里蓄电池厂原址土壤污染修复治理及后评估工程	重金属（铅）污染	异位固化/稳定化	重庆市环境保护工程监理有限公司
江苏南通	2013 年	南通市姚港化工区退役场地污染土壤修复工程	有机物污染	热解吸、化学氧化等	环境保护部南京环境科学研究所
江苏南京	2013 年	"小南化"原址土壤、地下水的修复项目	有机物污染	化学氧化、生物修复等	江苏润环环境科技有限公司
江苏徐州	2014 年	邳州新春兴再生资源有限责任公司原厂区污染场地土壤修复工程	重金属（铅和砷）污染	资源化回收利用	江苏省环境科学研究院、徐州市环境保护科学研究所

图 3-5　场地相关技术导则及污染场地术语等文件

　　本书在充分借鉴国内外已有相关经验的基础上，通过对我国北京、南京、无锡、南通、徐州等地典型污染场地修复工程的实地调研与应用实践，系统性地梳理了污染场地修复工程环境监理的工作程序，并针对污染场地修复工程的不同阶段的工作特点，提出其环境监理要点，编制管理规范，开发辅助管理工具，以有效防治二次污染、保障修复工程质量，同时引导和规范污染场地修复治理行业的健康发展。

3.3　污染场地修复工程环境监理的关系定位

3.3.1　环境监理与业主单位

　　污染场地修复工程业主单位与环境监理单位是委托与被委托的关系。环境监理作为第三方咨询机构，接受业主单位的委托、检查和监督，在开展监理工作的过程中，及时向业主单位提供相应的汇报、报告文本，协助业主保障污染场地修复工程顺利进行。

　　（1）环境监理单位应利用自身的专业优势，结合修复工程采用的具体修复技术，向业主单位提供实际可操作的环境监理实施方案，为其提供修复工程环保相关咨询服务，帮助其熟悉修复工程中涉及的环保要求、相关环保政策、可能产生的环保问题及合理处置方式。

　　（2）对于污染场地修复工程实施过程中因业主单位原因，出现重大变更、环保措施落实不到位、环境安全隐患突出等问题，环境监理单位应及时以环境监理业务联系单的形式告知业主单位，督促业主单位开展必要的论证、落实整改措施。

3.3.2　环境监理与修复技术方案设计单位

　　环境监理与修复技术方案设计单位是协作、配合的合作关系。环境监理单位在开展环境监理工作时，在设计阶段、施工阶段中均可能发现修复技术方案中的问题，因此，环境监理单位必须协调好与修复技术方案设计单位的工作。

（1）环境监理单位发现修复工程环保措施存在遗漏或存在不合理之处时，需要结合修复目标和环保要求，及时与修复技术方案设计单位进行协调，通过业主单位向设计单位提出书面意见，要求其根据审查意见修改修复技术设计方案。

（2）环境监理单位应发挥其熟悉污染场地现场作业的特点和具体环保要求的优势，积极参与修复方案设计修改过程的讨论，关注二次污染防治和质量控制等问题，提出相应要求。

3.3.3　环境监理与修复施工单位

环境监理与修复施工单位是监理与被监理的工作关系。施工单位在污染场地修复施工的过程中向环境监理单位提供施工组织设计情况、计划表、进度报告等资料，供环境监理单位审查、备案。环境监理人员主要针对污染场地修复施工过程中的施工行为、场地二次污染防治和质量控制等方面开展环境监理工作。环境监理单位在处理与修复施工单位的关系时，应遵循以下原则。

（1）环境监理单位必须坚持环境保护优先的原则。作为业主单位在污染场地修复治理工程的环境保护代表，环境监理单位应坚持科学、客观、公平、公正的态度，按有关法律法规、技术指南、环保标准和修复方案要求，认真严谨地开展工作，为业主负责，也为与污染场地开发利用密切相关的公众利益负责。

（2）对出现的环保问题，以口头、书面通知等形式通知施工单位及时纠正、整改，问题严重的应要求其暂停施工，直至达到环保要求后由总环境监理工程师发出复工令，修复施工单位方可继续修复工程。

（3）对污染场地修复工程实施过程中产生的相关环保问题，环境监理单位应注重采取多种方式进行沟通，以推动问题解决为目标，协调与包括施工单位在内的各相关机构的关系，积极参与问题解决方案的研讨。

3.3.4　环境监理与工程监理单位

环境监理与工程监理是互相配合、互为补充的工作关系，但双方在污染场地修复工程中有着各自的侧重点，在工作目的、工作范围以及工作内容上存在明显的区别。

（1）工程监理的工作内容包括土石方工程实施质量、安全、进度、投资控制等。由于污染场地修复治理工程的专业要求，修复治理工程本身的质量控制由环境监理单位负责。此外，二次污染防治也是环境监理的重要工作内容。

（2）环境监理与工程监理有共同的工作目标，即保障工程质量、控制污染场地的有害环境影响、维护业主和公众利益。因此，在监理工作开展过程中，二者需要通力合作，努力发挥各自的专业优势，联合保障污染场地修复治理工程顺利实施。

3.3.5　环境监理与环境保护主管部门

在我国，污染场地修复治理工程作为新兴事物和社会关注热点，往往涉及公众切身利益，需要自觉接受环保主管部门的监管和指导。因此，环境监理单位需要协助业主做好与环保主管部门的沟通协调工作。

（1）在污染场地修复工程中，凡涉及重大环境问题、环境事故，或出现修复方案设计单位、修复工程施工单位难以解决的复杂问题时，环境监理单位须协助业主单位，及时向环保主管部门汇报，必要时提交详细说明材料，由环境保护部门备案，或运用行政手段予以协调解决，以达到修复工程的环保目标，并满足各项环境管理要求。

（2）环境监理单位虽然接受业主单位的直接委托，但一定程度上也是公众利益的代表机构。因此，环境监理单位需要主动与环保主管部门沟通联络，准确掌握和理解相关管理要求和公众利益关切，充分保障污染场地修复治理工程实现社会效益和环境效益的最大化。

3.4　污染场地修复工程环境监理工作依据

污染场地修复工程环境监理工作的依据主要包括国家相关法律法规、环境保护标准、技术导则以及修复工程本身的场地环境调查与评估报告、修复技术设计方案、施工组织设计方案、合同等（图3-6）。

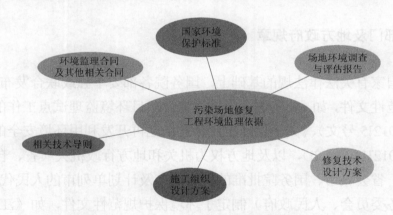

图 3-6　污染场地修复工程环境监理依据

3.4.1　相关环境保护法律法规

目前，我国的《土壤污染防治法》正在研究制定过程中，但我国环境保护的基本法《中华人民共和国环境保护法》已明确了有关土壤污染防治的要求。第三十二条规定："国家加强对大气、水、土壤等的保护，建立和完善相应的调查、监测、评估和修复制度。"第五十条规定："各级人民政府应当在财政预算中安排资金，支持土壤污染防治等环境保护工作。"此外，污染场地修复治理工程除土壤外，还涉及水、气、声等多种环境要素，需要遵守相关专项法律法规的规定。

（1）《中华人民共和国环境保护法》（2015.1.1）

（2）《中华人民共和国环境影响评价法》（2003.9.1）

（3）《中华人民共和国水法》（2002.10.1）

（4）《中华人民共和国水污染防治法》（2008.6.1）

（5）《中华人民共和国大气污染防治法》（2000.9.1）

（6）《中华人民共和国固体废物污染环境防治法》（2005.4.1）

（7）《中华人民共和国环境噪声污染防治法》（1997.3.1）

3.4.2　部门及地方政府规章

在国家有关法律法规的基础上，国务院各部委单独或联合发布了环境保护规范性文件，如《关于进一步推进建设项目环境监理试点工作的通知》（环发[2012]5 号文）、《关于保障工业企业场地再开发利用环境安全的通知》（环发[2012]140 号文），以及地方权力机关和地方行政机关（省、自治区、直辖市、省会城市、国务院批准的较大的市及计划单列市的人民代表大会及其常务委员会、人民政府）制定了环境保护规范性文件，如《江苏省环境保护条例》、《辽宁省建设项目环境监理管理办法》。这些部门及地方规章是对国家环境保护法律法规的补充和完善，具有较强的可操作性和针对性，可以作为污染场地修复治理工程环境监理的工作依据。

3.4.3　相关技术规范

在我国场地污染防治法律法规顶层设计欠缺的情况下，2014 年初我国陆续制定了《污染场地术语》、《污染场地土壤修复技术导则》等 5 个行业技术导则，以及《工业企业场地环境调查评估与修复工作指南》（试行），对于环境监理人员掌握污染场地修复治理过程和具体技术要求有重要作用，是现阶段开展污染场地修复工程环境监理的重要依据。此外，污染场地修复工程中的有关二次污染防治的要求也可参照以下环境影响评价类的相关专项技术导则。

（1）《污染场地术语》（HJ 682—2014）

（2）《场地环境调查技术导则》（HJ 25.1—2014）

（3）《场地环境监测技术导则》（HJ 25.2—2014）

（4）《污染场地风险评估技术导则》（HJ 25.3—2014）

（5）《污染场地土壤修复技术导则》（HJ 25.4—2014）

（6）《工业企业场地环境调查评估与修复工作指南》（试行）

（7）《环境影响评价技术导则总纲》（HJ 2.1—2011）

（8）《环境影响评价技术导则大气环境》（HJ 2.2—2008）

（9）《环境影响评价技术导则地面水环境》（HJ/T 2.3—1993）

（10）《环境影响评价技术导则地下水环境》（HJ 610—2011）

（11）《环境影响评价技术导则声环境》（HJ 2.4—2009）

（12）《环境影响评价技术导则生态影响》（HJ 19—2011）

3.4.4 技术文件

技术文件主要包括污染场地环境调查报告、环境风险评估报告、修复设计方案、施工组织方案等，应充分考虑到其中可能存在的环境保护相关问题，并反映在技术文件中。

场地环境调查与风险评估报告通过系统调查的方法，确定场地是否被污染及污染程度和范围，并在此基础上分析污染场地土壤和地下水中污染物对人群的主要暴露途径，评估污染物对人体健康的致癌风险或危害水平，为污染场地修复工程参与各方提供了翔实的场地相关资料，有助于把握污染场地具体特点，开展好场地修复治理工程。

污染场地修复技术设计方案是基于污染场地环境调查和环境风险评估结论，根据修复目标、场地开发利用方式、经济可行性、公众认可度等因素综合制定的。

施工单位根据工程开展需要，组织编写施工组织设计方案。二者是开展污染场地修复工程环境监理的关键依据。

3.4.5 合同、协议

业主单位委托环境监理单位开展污染场地修复工程环境监理工作的合同，以及与此相关的其他协议等，明确界定了环境监理单位的权利、职责和义务，是环境监理单位开展污染场地修复工程环境监理工作的直接依据。

3.5 污染场地修复工程环境监理特点

明确污染场地修复工程环境监理与工程监理以及一般建设项目环境监理的区别，是科学开展污染场地修复工程环境监理工作的基础。为此，需要首先理清环境监理在污染场地修复工程中的工作目的、对象、内容以及应起到的作用。

环境监理是环境监理单位受业主单位委托，依据有关环保法律法规、项目环境影响评价以及环境监理合同等，对建设项目实施专业化的环境保护咨询和技术服务，协助和指导业主单位全面落实各项环保措施。相比较而言，一般工程监理需要对工程的施工进度、工程量、质量、工程款以及施工安全等进行监理，而环境监理机构是从环境保护的角度，对施工人员的职业防护、工程环保等方面开展工作。它在减少施工对环境的不利影响、保证工程建设与环境保护相协调、预防和避免环境污染事故等方面起到了重要作用。

污染场地修复工程环境监理与建设项目环境监理虽同为环境监理，但由于污染场地修复工程的特殊性，二者又存在明显差别。表 3-4 归纳了污染场地修复工程环境监理与建设项目环境监理在工作目的、工程对象、工作阶段划分以及工作内容上的异同。因此，污染场地修复工程环境监理不能简单套用建设项目环境监理的有关技术方法和工作要求。

表 3-4　污染场地修复工程环境监理与建设项目环境监理的异同

分类	污染场地修复工程	一般建设项目
工作目的	一般定义：规范工程各方的环保行为，最大限度地降低由工程实施而对环境造成的影响，实现经济、社会和环境效益的统一	
	1) 确保污染场地修复工程质量； 2) 将修复工程对环境的影响降至最低	1) 控制环境影响，落实环保措施； 2) "三同时"制度的执行
工程对象	污染场地，存在特定污染物	一般建设项目，不涉及明显污染物
人员配备	除环境监理专业技术人员外，需配备场地修复监理工程师，为污染场地修复工程环境监理提供专业指导	环境监理专业技术人员
监理对象	一般定义：工程中的环境保护设施、生态恢复措施、环境风险防范措施以及受工程影响的外部环境	
	1) 污染场地的开挖、运输全过程； 2) 污染场地治理修复； 3) 污染地下水治理修复	1) 环保设施； 2) 环境管理
监理阶段	1) 准备阶段； 2) 修复阶段； 3) 验收阶段	1) 设计阶段； 2) 施工阶段； 3) 运行（生产）阶段
监理内容	一般定义：监督工程施工过程中环境污染、生态保护是否满足环境保护相关要求，与主体工程配套的环保措施落实情况等，协调好工程建设与环境保护，以及业主单位与各方关系	
	1) 方案审核，提供专业意见和建议； 2) 二次污染防治； 3) 基坑清挖质量控制； 4) 场地修复质量控制	按照设计方案和相关文件实施环境监理

污染场地修复工程的特殊性，即修复工程涉及污染土壤及可能污染的地下水，使得其环境监理工作较建设项目环境监理更为复杂，专业技术要求更高。污染场地修复工程环境监理不仅需要规范工程各方的环保行为，还需要确保污染场地修复工程顺利开展，其工作对象除环境保护设施、生态恢复措施和环境风险防范措施外，还包括污染土壤的开挖、运输和修复等过程；工作内容包括一般环境保护监理以及修复过程中污染土壤、地下水修复达标和开挖后基坑达标的质量控制、二次污染防治（水、气、固废、噪声等）等。

在阶段划分上，建设项目施工结束后进入试运行（生产）阶段，环境监理机构需要监督其试运行期间的环保"三同时"、环保设备运行、污染物达标排放和生态保护情况等；污染场地修复工程结束进入验收阶段后，环境监理单位需要配合业主单位和验收单位做好工程验收工作。

第4章 污染场地修复工程环境监理工作程序

4.1 总体工作程序

污染场地修复工程环境监理工作不仅仅局限于污染土壤和地下水的修复施工过程，它根据整个修复工程可分为三个阶段：准备阶段、修复阶段和验收阶段（图 4-1）。由于污染场地修复工程的特殊性，其各阶段环境监理工作有着自身的特点。

在介入污染场地修复工程之前，环境监理单位需要收集整理污染场地及修复工程相关材料，工作内容主要包括以下方面。

（1）环境监理单位通过分析污染场地环境调查与评估报告、污染场地修复工程修复技术设计方案、相关图纸、污染场地修复工程施工组织设计方案等基础资料，在踏勘现场的基础上制定环境监理初步工作方案。

（2）通过招标等方式承揽环境监理业务，与业主单位签订环境监理合同，同时组建项目环境监理单位。

（3）正式签订环境监理合同后，环境监理单位开始履行合同中规定的内容，开展环境监理工作。

（4）在修复施工开始前，环境监理单位要针对修复工程的方案、文件等进行审核。

（5）根据环境监理工作方案、修复工程目标、合同要求等开展修复阶段的环境监理工作。

（6）修复结束后，由修复单位提出竣工申请，由业主单位确认验收机构后开始竣工验收，环境监理单位应全程参与，并提供协助和相关咨询服务。

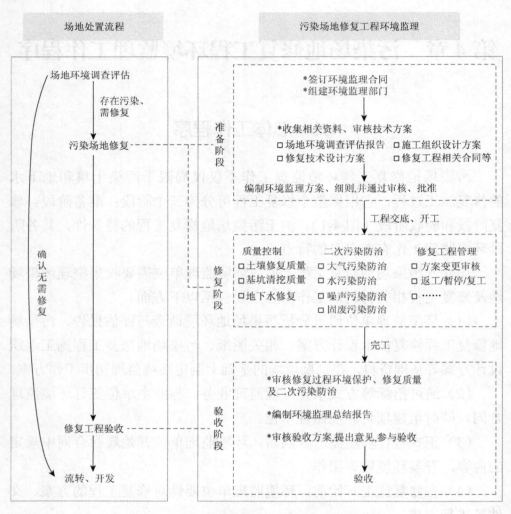

图 4-1　污染场地修复环境监理工作流程

（7）环境监理单位根据修复工程开展情况及环境保护实施情况等编制环境监理总结报告，汇总整理修复工程环境监理相关文件资料，移交给业主单位。

4.2　准备阶段环境监理工作程序

污染场地修复工程准备阶段环境监理工作程序如图 4-2 所示，各项工作的主要内容如下。

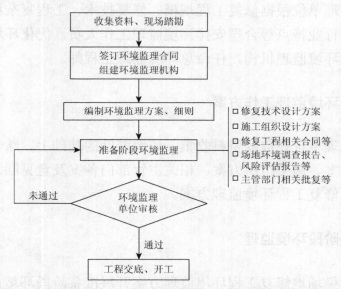

图 4-2　污染场地修复工程准备阶段环境监理工作流程

4.2.1　收集资料、现场踏勘

环境监理单位在前期介入修复工程时，需要通过各种方法详细了解、掌握修复工程的具体情况，主要通过修复工程相关资料收集、修复工程实地踏勘等方式开展工作，为后续环境监理工作的开展做好充足准备。

4.2.2　签订环境监理合同

环境监理单位通过招投标等方式承揽环境监理业务，与业主单位签订环境监理合同，约定环境监理服务细节，明确环境监理工作范围、工作目的和要求、服务时间、各方权利与义务等。

4.2.3 组建环境监理机构

环境监理单位根据修复工程规模、修复技术、工程复杂程度、场地使用历史及行业特点等合理安排环境监理工作人员，优化环境监理机构组成，组建环境监理机构，任命总环境监理工程师。

4.2.4 编制环境监理工作方案

环境监理单位在前期资料收集、场地踏勘的基础上，结合修复工程修复技术方案、施工组织方案、相关主管部门备案及意见回复等，科学合理地编制修复工程环境监理方案。

4.2.5 准备阶段环境监理

根据污染场地修复工程环境监理方案开展准备阶段环境监理工作，主要包括文件审核、提供咨询服务等。即收集修复工程相关的修复技术方案、施工组织方案、相关主管部门备案及意见回复等基础资料，对修复工程环境保护措施、环保设施等文件内容进行审核；环境监理单位根据修复技术和修复工程环境保护方案等提供环保专业咨询服务。

4.2.6 交底

环境监理单位在开展准备阶段的环境监理工作后，会同业主单位、修复单位等召开修复工程交底会议，明确修复工程各项事宜，为开展修复主体工程做好准备。

4.3　修复施工阶段环境监理工作程序

　　环境监理单位在修复施工阶段应通过各种途径与业主单位和修复单位保持沟通和交流，详细了解修复工程实施情况，掌握修复工程的进展，现场派驻环境监理工作人员，开展现场环境监理工作。

　　修复阶段环境监理工作程序详见图 4-3。

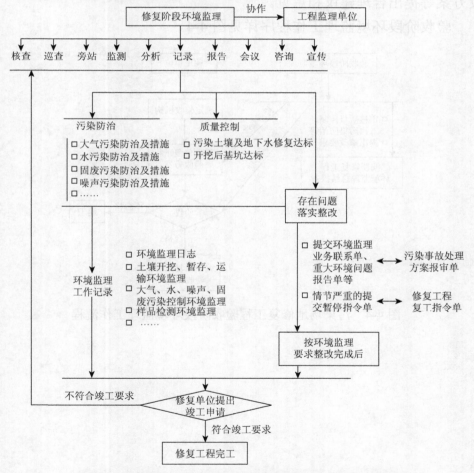

图 4-3　污染场地修复工程修复阶段环境监理工作流程

4.4 竣工验收阶段环境监理工作程序

在修复单位提出竣工申请并获得业主单位和环境监理单位认可后，由业主单位委托验收单位开展修复工程验收工作，环境监理单位应针对修复工程具体情况，为验收单位提供咨询、协助开展验收工作，并对验收方案等提出合理建议和意见。

验收阶段环境监理工作程序详见图 4-4。

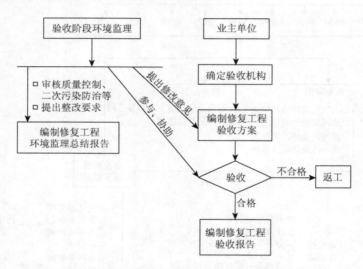

图 4-4 污染场地修复工程验收阶段环境监理工作流程

第5章 污染场地修复工程环境监理工作内容

2014年，环境保护部发布的《污染场地土壤修复技术导则》和《工业企业场地环境调查评估与修复工作指南》（试行）等均明确强调了污染场地修复工程实施过程中环境监理的重要性。围绕文件中针对环境监理的要求，以下按修复工程开展过程的不同工作内容和侧重点，针对文件审核、方案编制、污染防治、质量控制、工程管理和工程验收几个方面分别进行阐述。

5.1 文件审核

设计审核阶段的环境监理是整个修复工程环境监理工作中的一个重要组成部分（图5-1）；主要是核查项目施工组织设计方案是否满足修

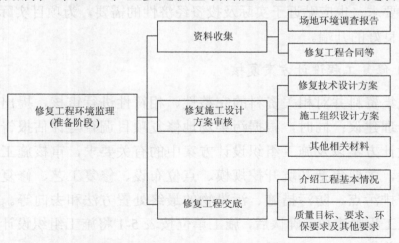

图5-1 污染场地修复工程准备阶段环境监理工作内容

复技术设计方案要求，审核施工污染防治方案，关注周围环境敏感目标及工程所在地与环境敏感区的位置关系。

区别于建设项目环境监理，污染场地修复工程环境监理在进入该项目时需要对场地进行复验，以确保场地环境调查报告与实际情况相符合；根据污染场地调查与评估报告以及具体修复技术设计方案中的有关要求，关注施工方案中污染场地开挖规模、土壤及地下水修复技术、修复工艺路线、修复工程开展所需仪器设备、修复过程污染来源、防污措施、污染物最终处置等环节，提供环保咨询服务、提出合理建议。在交底工作中，环境监理单位需要向修复工程参与各方介绍场地污染情况、修复工程土方量、修复目标、修复技术、实施计划等在内的修复工程基本情况。

由于在此阶段修复工程尚未开始，设计单位设计合同尚未履行完毕，此时环境监理单位通过审核修复施工方案，对其中存在的问题提出专业性修改建议，会使得修复项目整改成本最低，也易于被施工单位接受。施工方案的修改过程一般需要设计单位、施工单位和环境监理单位的共同讨论和磋商。经过修改后的施工方案既要同时满足修复技术设计方案的要求，也应贴近于实际及投资经济性的需要，为项目实际修复施工提供良好的开端。

1）修复工程设计方案复核

收集资料并对相关资料的完整性、相符性进行审核，提出反馈意见及合理建议；同时，根据污染场地修复项目调查与评估报告、修复技术设计方案以及施工组织设计方案中的有关要求，审核施工方案的相符性，主要包括基坑开挖规模、点位布设、修复工艺、修复设备仪器、产排污点、防污措施、污染物的最终处置方法和去向等。经总环境监理工程师审核、确认后，施工单位按表 5-1 将施工组织设计方案报送业主单位。

表 5-1　修复工程施工组织设计方案报审表

致：
我方已根据施工合同的有关规定完成了施工组织设计方案的编制，并经我单位上级技术负责人审查批准，请予以审查。 　　附： 　　　　　　　　　　　　　　　　　　　　修复施工单位（盖章） 　　　　　　　　　　　　　　　　　　　　项目经理： 　　　　　　　　　　　　　　　　　　　　　　年　月　日
环境监理单位审核意见： 　　　　　　　　　　　　　　　　　　　　环境监理单位（盖章） 　　　　　　　　　　　　　　　　　　　　总环境监理工程师： 　　　　　　　　　　　　　　　　　　　　　　年　月　日

　　实际修复工程环境监理中，修复工程施工组织设计方案报审表应符合附表 2 的格式。

2）配套环保工程设施及措施的复核

　　根据污染场地修复项目调查与评估报告和修复技术设计方案中的有关要求，检查施工方案中是否落实相关配套的环保工程或设施、措施，未落实的要及时提醒施工单位增加相应内容，已落实的要对其与修复技术设计方案的相符性进行审查。此外，环境监理单位还应关注修复工程修复技术选择、设计方案比选等环节，提供专业咨询服务，需要关注技术选择的合理性、科学性和适用性，提出合理建议。

3）污染场地周边环境敏感区审核

　　重点审核污染场地与环境敏感区的位置关系，调查修复施工带来的环境影响是否可以接受；涉及环境敏感区的施工方案、环境保护措施是否合理。

4) 修复工程交底

向修复工程施工参与各方介绍工程基本情况（场地污染情况、修复工程量、修复目标、修复技术、修复工程实施计划等）及修复工程质量要求、环保要求及其他要求。

5.2 环境监理方案编制

污染场地修复工程环境监理工作方案是环境监理单位根据污染场地修复项目的规模、性质及项目委托单位对环境监理的要求而编制的。在污染场地修复工程实施过程中，以该方案作为指导环境监理机构全面开展环境监理工作的操作性文件。环境监理方案是全面开展环境监理工作的行动纲领，是环境保护主管部门对环境监理单位监督管理的依据，是业主确认环境监理单位履行合同的主要依据。污染场地修复工程环境监理方案报送到环保部门审核备案后，该修复工程项目方可开工实施。

环境监理方案应结合修复工程的实际情况，明确环境监理机构的工作目标，确定具体的环境监理工作制度、工作内容、工作程序、工作方法和措施，并应具有可行性和可操作性。环境监理方案可在签订污染场地修复工程环境监理合同及收到修复技术设计方案以及施工组织设计方案后由总环境监理工程师主持、环境监理工程师参与编制，完成后必须经环境监理单位技术负责人审核批准。环境监理方案应在召开第一次工地会议前报送业主单位，并抄送修复施工单位、工程监理单位及环境保护行政主管部门。

环境监理实施细则是对环境监理工作方案的细化；在环境监理工作方案的基础上，由环境监理单位对方案中宏观的工作内容、程序等做出细节上的规定，并根据修复施工过程中具体修复区域、修复目的、修复要求、环境保护目标等对具体的环境监理内容进行明确，该实施细则同样需要经总环境监理工程师批准后方可实施。

　　污染场地修复工程环境监理工作人员根据环境监理工作方案和实施细则开展环境监理工作；针对污染场地修复工程区别于一般建设项目环境监理的特点，污染场地修复施工阶段环境监理工作主要围绕污染防治和质量控制，下面将针对这两部分工作内容进行详细的阐述。

5.3　修复过程中的污染防治

　　环境监理工作人员对照修复技术设计方案的要求逐条检查场地修复施工过程中环境污染治理设施、环境风险防范设施是否按照要求进行，积极做好二次污染防治工作，监督检查废气、废水、噪声、固废等环境保护措施是否符合要求，并监控污染物的具体去向、防治方法、控制情况以及最终处置方法（图 5-2）。环境监理工程师应要求修复施工单

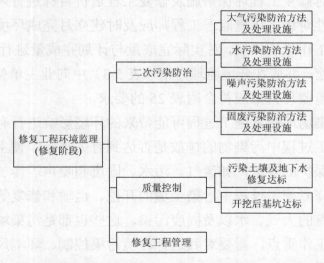

图 5-2　污染场地修复环境监理（修复阶段）具体内容

位报送重点部位、关键工序的修复工艺和确保修复工程环保的措施，审核后予以签认；并在修复施工中的关键部位、关键工序，通过旁站、巡视等方式对修复现场开展环境监理工作，并填写污染场地修复工程环境监理日志（表5-2），报送业主单位。实际修复工程中环境监理日志应符合附表4的格式。

表5-2 污染场地修复工程环境监理日志单

日期	天气	气温	到达现场时间	离开现场时间
现场巡视情况	场地现状描述（附照片）			
环保问题及其处理				
备注				
环境监理工程师：				

环境监理机构应依据施工合同中的环境保护有关条款、施工图、修复目标等，对修复工程环保措施及修复工程造价目标进行风险分析，并应制定防范性对策。环境监理工程师应及时建立月完成环境保护工程量和修复工程工作量统计表，对实际完成量与计划完成量进行比较、分析，制定调整措施，并应在环境监理月报（表5-3）中向业主单位报告。实际修复工程环境监理月报应符合附表25的要求。

针对污染场地修复施工过程可能带来的环境影响进行有效监控，监测和评价施工过程中污染物的排放是否达到有关规定，使主体工程的施工符合环境保护的要求，如废气、污水、固废和噪声等排放应达到有关的标准等。修复施工过程中污染土壤的开挖、运输和修复等均可能产生修复工程特有的大气、水以及固废污染，这些也都是污染场地修复工程环境监理的工作重点，需要对其进行环境污染控制、环境风险防范和相应的环境监理。

<h4 align="center">表 5-3　环境监理月报单</h4>

工程基本情况	业主单位		负责人	
	施工单位		项目经理	
	环境监理单位		总环境监理工程师	
	修复方案设计单位			
	环境监理月报时间			
修复工程施工进展				
污染控制措施	大气污染控制			
	水污染控制			
	噪声污染控制			
	固废污染控制			
	备注			
环境监理机构意见： 　　　　　　　　　　　　　　　　环境监理单位（盖章） 　　　　　　　　　　　　　　　　总环境监理工程师： 　　　　　　　　　　　　　　　　　　　　　年　月　日				

　　环境监理员应按照环境监理委托合同中的要求，对施工现场的环境污染（包括大气污染、水污染、噪声污染、固废污染等）进行监理，并填写污染场地修复工程大气污染控制、水污染控制、噪声污染控制以及固废污染控制环境监理用表，报送业主单位，抄送修复施工单位。

　　发现存在环境污染问题的，由环境监理工程师发出环境监理业务联系单，报业主单位和修复施工单位。修复施工单位收到后应根据具体内容及时采取相应措施，制止环境污染，并准确回复环境监理单位和业主单位。

　　存在重大环境问题的，应通过总环境监理工程师及时签发污染场地修复工程重大环境问题报告单（表 5-4）并报送业主单位、修复施工单位以及环境保护行政主管部门。修复施工单位应根据报告单的内容，及时核查、解决环境污染问题，整改完毕后将污染场地修复工程污染事故处理方案报审单（表5-5）报送业主单位、环境监理单位以及环境保护行政主管部门，符合规定后由总环境监理工程师签署工程复工令。环境监理机构应将完整的事故处理全过程记录并整理归档。

表5-4　重大环境问题报告单

致： 　年　月　日，在　　　　　发生重大环境问题，现将现场发生情况结果报告如下，待调查明确后另作详情报告。 　　　　　　　　　　　　　　　环境监理单位（盖章） 　　　　　　　　　　　　　　　环境监理工程师： 　　　　　　　　　　　　　　　　　　年　月　日
原因及经过：
环境影响及损失：
应急措施及初步处理意见： 　　　　　　　　　　　　　　　环境监理单位（盖章） 　　　　　　　　　　　　　　　总环境监理工程师： 　　　　　　　　　　　　　　　　　　年　月　日

表5-5　污染事故处理方案报审单

污染事故：		
处理方案：		
业主单位（盖章）	施工单位（盖章）	环境监理机构（盖章）
负责人：	项目经理：	总环境监理工程师：
日期：	日期：	日期：

污染场地修复工程重大环境问题报告单、污染场地修复工程污染事故处理方案报审单应符合附表 17、附表 18 的格式。

5.3.1　大气污染防治

污染场地修复工程大气环境质量监理主要考虑挥发物和扬尘、颗粒物两方面内容。环境监理人员对有毒有害气体、扬尘及机械尾气排放状况和防治措施的实施内容、效果等进行检查、监督，根据环境空气监测结果，检查场地环境空气质量是否满足环境质量标准要求。另外，空气监测结果需要考虑区域空气质量背景情况。表 5-6 是大气污染控制环境监理单，环境监理员应根据该单形式对污染场地修复工程大气污染控制展开详细监理工作。

表 5-6　大气污染控治环境监理单

扬尘情况描述（附图）			
土堆	场地内土堆数量		
	土堆苫盖	苫盖数量：	未苫盖数量：
	扬尘情况描述（附图）		
大气环境 监测结果			
有无异味			
其他			
场地洒水除尘措施	洒水时间	洒水范围（附图）	
备注			
环境监理工程师：			

1）挥发、半挥发性化学物质

采用生物通风、气提、热处理、堆肥等技术修复被污染土壤、地下水（尤其是有机物污染土壤）时，会伴有挥发、半挥发性物质逸出，这些物质大多有毒有害，健康风险和环境风险高。确定环境监理工作要点时，须考虑挥发、半挥发性化学物质的种类、来源、毒性和气味阈值等因素，分析预测在典型（有利/不利两方面）大气和天气情况下，其可接受的外部浓度，并根据污染土壤潜在的暴露时间预估可能受影响的区域和影响程度。若存在环境敏感区和敏感受体，必须提前上报并制定相应的保护工作计划。根据以上要素和要求，制定挥发性、半挥发性物质污染事故应急预案。

2）扬尘、颗粒物

修复施工时，土方开挖及散装物料运输车辆遗洒，可能产生扬尘并导致扬尘排放异地迁移；不正确堆放的土方（堆积过高、欠压实），也会成为扬尘源头。大型施工车辆、设备会排放一定量的废气。毒性扬尘（带有二氧化硅、石棉等化学物质）是大气环境污染监理中较容易忽视的方面，其对敏感受体潜在的健康和环境影响不容小觑，必须给予足够的重视。

实际修复工程环境监理工作中大气污染控制用表应符合附表8。

涉及挥发、半挥发性化学物质的污染场地修复工程中环境减缓措施和监理要点主要包括以下几方面。

（1）对施工人员做好环境保护方面的宣传培训工作，培养和提升其爱护环境、防止污染的意识（图5-3）。

（2）根据劳动卫生环境的条件和要求，督促工作人员在施工时必须做好防护措施，并指导其按照相关规范操作（图5-4、图5-5）。

图 5-3　修复施工现场安全警示牌

图 5-4　污染场地修复现场工作人员　　　图 5-5　修复施工现场通风除尘装置
　　　　　安全防护

　　（3）在修复施工期间，覆盖开挖区域（如搭建大棚等），以减小污染土壤暴露的面积。

　　（4）处理污染土壤及地下水时，要及时检查相关设备及设施和处理大棚的密闭性（图 5-6），防止产生二次污染事故。

图 5-6   有机污染土壤常温解吸大棚

（5）基坑开挖时，采用吸附、过滤等方法收集逸出的挥发、半挥发性物质，并进行统一处理，以控制其排放量和排放浓度。

（6）在有利的天气条件下进行挖掘工作，如在气温较低、无风的情况进行施工，以减少有害物质的挥发。

（7）采取相关措施减少异味或恶臭，如喷洒气味抑制剂（图 5-7），降低环境影响。

图 5-7   施工现场喷洒气味抑制剂

（8）加强对施工机械、车辆的维护保养，禁止施工机械超负荷工作，减少尾气排放。

（9）及时检查污染土壤、地下水处理后尾气处理设施的工作状态（图 5-8），监测处理后排放尾气中污染物的浓度（图 5-9）。

(a)　　　　　　　　　　　　　　　(b)

图 5-8　有机尾气常温解吸装置（a）和高热解吸装置（b）

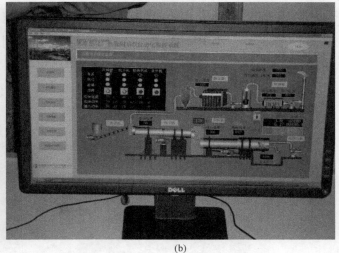

(a)　　　　　　　　　　　　　　　(b)

图 5-9　有机废气热解炉（a）及其自动化检测系统（b）

针对扬尘污染，考虑修复范围、选择的修复技术与最近敏感受体的距离等因素，应综合注意以下环境监理要点。

（1）合理规划施工区的布局，作业区土壤应集中堆放，并置于较为空旷的位置，搅拌站位置距离场外敏感目标尽可能远并尽量设于下风向，减少土壤扬尘对人群的影响。

（2）条件允许时，尽量在雨季结束后进行修复工程，此时土壤水分含量较高，能够有效减少扬尘；若土壤较干燥，可根据情况适当洒水，以保持土壤湿润。

（3）施工前先在施工场地周围修筑围墙或简易围屏，这样可以减少部分扬尘外逸。

（4）确定临时堆放土方的合理高度，采取相应的防尘、抑尘措施，如在其表面上喷涂黏结剂、覆盖粗砂和白云石、加盖防水布或土工织物、对堆场采用水喷淋防尘等措施。

（5）在场地内的汽车运输过程中，易起尘的物料要加盖篷布，注意控制车速，防止物料洒落和产生扬尘，污染土壤传送过程中采用全封闭结构；卸车时应尽量减小落差，减少扬尘；对施工现场及运输道路应定期清扫洒水，保持车辆出入口路面的清洁、湿润，以减少施工车辆引起的地面扬尘污染（图 5-10）。

图 5-10　施工场地加盖防尘布

（6）在污染场地施工现场敷设临时的施工便道、铺设碎石或细沙，尽量进行夯实硬化处理，以减少运输车辆轮胎带泥上路和产生二次扬尘。

（7）对于未能做到硬化的部分施工场地，要制定严格的洒水降尘制度（定时、定点、定人），定期压实地面和洒水、清扫，减少扬尘污染。

（8）及时集中分散的污染土壤，堆成土堆，降低暴露面积。

5.3.2　水污染防治

环境监理单位需对修复施工期间产生的废水及地下水修复工程中地下水污染范围进行监理；根据水质监测结果，评价其是否满足环境质量标准和修复工程的要求。

施工期的废水主要包括淋洗废液、基坑开挖废水、生活污水、施工冲洗废水及初期雨水等。采用淋洗修复技术时，往往无法将含有污染物的淋洗废液全部从土层中抽提出来，对地下水有二次污染风险；开挖污染土层到一定深度时，会有地下水渗出，聚积在基坑内，污染土壤中的污染物质溶解在其中，具有环境风险；生活污水主要来源于现场施工人员排放的生活污水，包括厕所粪便污水、食堂排水等；施工机械冲洗时会产生少量废水；雨天时建筑材料堆放产生的初期雨水也带有少量污染物质。表 5-7 是地表水污染控制环境监理单，环境监理员应根据该单形式对污染场地修复工程中的水污染控制展开详细监理工作。

实际污染场地修复工程地表水污染控制环境监理用表应符合附表 9 的格式。

污染场地修复工程地表水污染防治环境监理时，主要考虑的因素有：场地地形、场地周围环境和附近河道的纳污能力、修复技术和工程周期等，并根据当地的气象模式预估附近径流的方向和流量，提前进行模型分析，预测出可能影响区域及影响程度。若存在环境敏感区和敏感受体，必须提前上报并制定相应的保护工作计划。根据以上要素和要求，制定地表水污染应急预案。

表 5-7　地表水污染控制环境监理单

设备清洗	清洗设备名称					
	清洗时间					
	清洗废水去向					
地表径流	降水时间					
	地表径流去向					
	是否溢出污染场地	□是/□否				
产生废水	废水量					
	水质参数					
	废水去向					
其他	废水量					
	废水去向					
防渗检查	清洗池	是否完好：□是/□否		备注：		
	集水池	是否完好：□是/□否		备注：		
	导排系统	是否完好：□是/□否		备注：		
备注						
环境监理工程师：						

污染场地修复工程地下水污染防治工作主要分为两个方面：①土壤修复过程造成的地下水污染及其防治；②地下水修复导致的其他区域地下水污染及其防治。针对地下水污染防治，环境监理需要综合考

虑地下径流和潜在污染源位置关系、水文地质条件（含水层系统的类型和数量、地下水埋深、水位、水流方向和速度等）、土壤类型（黏性土对金属的吸附能力大于砂质土壤）、水渗漏量（降水、积水的位置和土壤性质等因素）、背景值（地下水中化学物质的横向/垂向分布）、污染物质的性质（如密度、黏度、溶解性、分解的副产物等），污染物质在修复过程中可能的化学趋势和迁移变化等因素对地下水的影响。此过程涉及的机理较为复杂，修复技术设计方案设计时必须做好预测与评价工作，若存在环境敏感区和敏感受体，必须提前上报并制定相应的保护工作计划，监理单位与监理工作人员须提前学习掌握相关知识。根据以上要素和要求，制定地下水污染应急预案。根据场地地下水相关条件确定监测点位，制定地下水监测计划，环境监理员根据表 5-8（地下水污染控制环境监理单）的要求对污染场地修复工程水污染控制展开详细监理工作，评估修复工程实施过程中地下水质量受影响的程度；同时，根据监测结果采取适当措施减缓或消除地下水污染，保证修复工程的顺利实施。

表 5-8　地下水污染控制环境监理单

地下水流向				
地下水污染控制点位				
地下水检测	检测因子	检测结果	检测因子	检测结果
	温度			
	pH			
	溶解氧			
	氧化还原电位			
备注				

实际污染场地修复工程地下水污染控制环境监理用表应符合附表10 的格式。

制定环境监理要点时，应优先考虑防治地表水、地下水污染的管理措施，应急处理措施只在其他措施不奏效时选用，减少有毒、有害化学物质进入环境。具体环境减缓措施和监理要点主要包括以下几点。

（1）为避免污水渗入地下或径流至地表水体，应在修复施工区域四周设计围堰，围堰内侧采用防腐防渗材料铺砌，混凝土地坪下用覆膜膨润土防水毯作为防渗层，地面与裙脚用坚固、防渗的材料建造。

（2）监督检查处理场地的防渗措施，基坑开挖废水、淋洗废液等是否按照要求全部收集后处理；监督检查机械设备含油废水是否经过了隔油池处理达标后排放。

（3）合理设计导排沟和集水池，确保污水不外溢（图 5-11）。

(a)   (b)

图 5-11　修复施工现场应配置导排沟（a）和集水池（b）

（4）所有的污水处理池底板、侧墙用覆膜膨润土防水毯做防水材料。

（5）检查施工现场修复所用药剂的存放是否符合要求，避免其泄漏造成地表水污染以及地表渗漏而造成的地下水污染。

（6）检查排水系统是否处于良好的使用状态，配置一定的抽水设备，不间断地将基坑废水抽走收集。

（7）监督检查施工现场道路是否畅通。

（8）在堆放土方周围临时筑堤，或在其表面进行有效覆盖，如采用沥青或混凝土等措施。

（9）尽量不在雨天作业，若遇到下雨天气须使用临时的防雨罩，并注意及时排水，减少施工现场积水。

（10）凡进行现场搅拌作业，必须在搅拌机前台及运输车清洗处设置沉淀池，污水经沉淀处理达标后可用于洒水除尘。施工机械含油废水应经隔油池处理后接入污水处理厂处理，不得直接排入水体。

（11）如施工现场有临时食堂，应设置隔油池，对含油污水进行预处理。

（12）合理规划施工场地的临时供、排水设施，采取有效措施消除跑、冒、滴、漏现象。

（13）对照污染场地修复项目环境污染事故应急预案及演练计划，检查事故应急池、基坑围堰、雨水排放口应急闸门及事故废水收集管道等事故应急措施的落实情况。

5.3.3　固废污染防治

对施工期间产生的建筑垃圾、生活垃圾、危险固废、污染土壤等进行监管，落实处理处置措施，对施工期间的固废产生、处置情况应及时记录（表 5-9），监督其按国家有关规定进行管理，检查固废临时堆场设置的规范性。污染场地修复工程固废污染控制环境监理用表应符合附表 12 的格式。

表 5-9　固废污染控制环境监理单

时间	固废堆放地点	固废情况描述（附图）	固废处置措施
备注			
环境监理工程师：			

施工期的固体废物包括高浓度残土、水处理污泥、施工产生的建筑垃圾以及施工人员的生活垃圾。高浓度残土含有极高浓度的重金属或有机污染物，对人体健康风险和环境风险极大，是污染场地土壤修复环境监理过程中最需要关注的部分。环境监理员应按照委托环境监理合同中的要求，监督污染场地内污染土壤的开挖、运输和暂存等过程，并填写污染场地修复工程土壤开挖（表 5-10）、暂存（表 5-11）、运输（表 5-12）环境监理单，报送业主单位，并抄送修复施工单位。实际修复工程中土壤开挖、暂存、运输环境监理用表应符合附表 5、附表 6、附表 7 的格式。

表 5-10　土壤开挖环境监理单

基坑开挖情况	基坑编号	
	GPS 坐标	
	开挖审核	是否为指定开挖区域：□是/□否
	开挖时间	
	开挖深度	
	开挖土方量	
	备注	
基坑积水	是否存在	□是/□否
	抽出时间、水量	
	处理方式（去向）	
现场照片		
备注		
环境监理工程师：		

表 5-11　土壤暂存环境监理单

暂存位置	
暂存库环保措施监督	
占用面积	
占用期限	
周边自然环境	
周边敏感点	
暂存土壤土方量及堆放进度	
备注	

附件：1. 暂存库构建前的原地形、地貌、植被状况的影像及文字资料
　　　2. 对周边环境的影像和采取的环保措施
　　　3. 暂存库用地使用手续复印件

审核意见：

　　　　　　　　　　　　　　　　　　　　环境监理工程师：

表 5-12　土壤运输环境监理单

日期	天气	气温	到达现场时间	离开现场时间

环保部门对污染土壤运输意见（是否同意外运）：

运输车辆数量	
运输频次	
运输总土方量	
运输路线	是否按照指定的路线：□是/□否
备注	

环境监理工程师：

施工期针对固体废物的环境监理工作重点有以下几点。

（1）按固体废物性质分类处置。

（2）开挖、运输、处理或处置污染土壤的相关单位必须持有许可证，监督修复过程产生的高浓度残土的开挖收集、清理和运输过程。

（3）运输车辆在离开装、卸场地前必须先用水冲洗干净，避免车轮、底盘等携带的泥土撒落地面（图5-12）。

图 5-12　修复施工现场车辆清洗设施
照片有误，实应"北京鼎实环境工程有限公司"

（4）在施工现场划定区域，进行隔离处理，确保场地内固废不会产生二次污染。

（5）核实堆场容量能否满足其处置需求，确保临时堆放场地和处理场地的防渗措施符合修复技术设计方案的要求。

（6）在业主单位及环境监理单位的监督和指导下对污染场地内遗留的设施（如图5-13所示）进行拆迁等其他作业。

图 5-13　污染场地内的建筑垃圾及废弃管道

（7）修复工程竣工后，施工单位应尽快将工地上的建筑垃圾、土渣清理干净。

（8）施工产生的生活垃圾应集中收集，运至城市垃圾处理场集中处理。

5.3.4　噪声污染防治

对施工期间产生的高噪设备进行监管，落实噪声防治措施的实施内容、效果，并根据声环境监测结果，检查施工现场声环境质量是否满足环境质量标准要求，并按照表 5-13 样式详细记录施工现场噪声产生情况和控制措施等。污染场地修复工程噪声污染控制环境监理用表应符合附表 11 的格式。

表 5-13   噪声污染控制环境监理单

日期	天气	气温	到达现场时间	离开现场时间
时间	噪声来源	噪声污染描述	噪声污染控制措施	
备注				
环境监理工程师:				

    污染场地修复工程中，噪声主要来自土方挖掘、废气处理等过程，挖掘机、推土机、打桩机、搅拌机、吊车泵、鼓风机等均会产生机械噪声，运输汽车的汽笛声也会带来一定的噪声污染。考虑可能的噪声源及其与环境敏感受体的距离，根据噪声的预测模型，判断影响范围和程度。

    环境监理单位在施工期监理过程中可以监督施工单位通过以下措施控制噪声污染，降低环境风险。

    （1）采用低噪声的施工机械，加强设备的日常维修保养，使施工机械保持良好状态。

    （2）及时维修、管理高噪声的器具，使设备处于低噪声、良好的工作状态。

    （3）采取安装消声器和其他噪声控制装置等措施，或在附近加设可移动的简单围幛，降低噪声辐射。

    （4）为施工人员提供听力保护。

    （5）合理安排高噪声施工作业时间，需要夜间施工时应及时报批，采取有效措施尽可能减少对周围环境的影响。

5.4　质　量　控　制

污染场地修复工程环境监理与建设项目环境监理最大的区别是监理单位需要对污染土壤、地下水的修复效果进行质量控制，不达标的应由环境监理单位通知修复施工方对土壤、地下水进行再修复。目前土壤修复多采取异位方式，环境监理单位还需检查基坑清挖情况，即污染土壤是否清挖彻底。地下水修复包括原位和异位两种，其质量控制也是污染场地修复工程环境监理的工作重点。上述为污染土壤修复效果的"质量控制"环境监理，是污染场地修复工程施工阶段十分重要的监理内容，体现了污染场地修复工程环境监理专业性强的特点。

环境监理单位对污染场地修复工程展开阶段性的质量控制工作，评价该阶段土壤、地下水修复效果和基坑清挖情况（表 5-14），将结果报送业主单位，并抄送修复施工单位。污染场地修复工程质量控制用表应符合附表 15 的格式。

表 5-14　污染场地修复工程质量控制单

业主单位			
修复方案设计单位		修复施工单位	
施工开始日期		质控日期	
工程概况			
质量控制情况			
环境监理单位意见： 　　　　　　　　　　环境监理单位（盖章） 　　　　　　　　　　总环境监理工程师： 　　　　　　　　　　　　　　　年　月　日			

5.4.1 污染土壤、地下水修复达标质量控制

环境监理单位需对污染土壤、地下水修复效果进行达标质量控制，根据环境监理工作方案和修复工程的要求对修复后的土壤、地下水进行采样，并保证样品不受污染、妥善保存。环境监理单位可使用便携式检测设备（PID、FID、XRF、便携式 GC-MS 等，图 5-14）对土壤、地下水样品进行现场快速分析，或将土壤、地下水样品送至第三方检测机构分析检测。环境监理单位应对采样全过程和分析结果进行详细记录（表 5-15、表 5-16）。污染场地土壤、地下水样品环境监理自检用表和第三方检测环境监理用表应符合附表 13、附表 14 的格式。

图 5-14　便携式检测设备（PID、XRF）

表 5-15　土壤、地下水样品环境监理自检单

编号	样品来源	便携式检测设备（　）检测结果

表 5-16　土壤、地下水样品第三方检测环境监理单

编号	样品来源	检测单位名称：	
		送样时间	检测结果

在核实检测报告中的数据后，环境监理单位应如实评估土壤、地下水修复效果，评判其是否达到预期修复目标，并将结果报送业主单位，抄送修复施工单位。修复未达标的土壤、地下水由修复施工单位进行再次修复，直至达标。环境监理单位应对修复效果不理想的点位提出环境监理意见，并监督实施后续修复工程。

5.4.2　开挖后基坑达标质量控制

采取异位修复的工程，环境监理机构需要复核修复技术设计方案及施工组织设计方案等相关文件，确认基坑深度、边界、清挖效果等是否达到修复技术设计方案的设计要求。同时对基坑内土壤、地下水进行采样，分析其土壤、地下水中目标污染物的浓度，如已清挖到设定的深度和边界，但土壤仍存在不达标（修复目标）的现象，应及时通知业主单位和修复施工单位，以重新确定基坑边界和修复工程量。

此外，采用异位法修复的土壤进行回填时，应由环境监理员现场监督，填写污染场地修复工程已修复土壤填埋环境监理单（表 5-17），报送业主单位。污染场地修复工程已修复土壤填埋环境监理用表应符合附表 16 的格式。

表 5-17　已修复土壤填埋环境监理单

土壤原堆放位置	
土壤检测结果	
土壤是否已达修复目标	□是/□否
环保部门对于已修复土壤填埋的审核意见（是否同意填埋）：	
填埋地址	
填埋土方量	
备注	

5.5　修复工程管理

环境监理机构通过抽样检测发现污染土壤、地下水修复不达标或基坑清挖不符合要求时，总环境监理工程师应及时签发修复工程返工令（表 5-18），并根据检测结果明确返工范围。实际修复工程返工令应符合附表 20 的要求。污染场地修复工程返工工作流程示意图如图 5-15 所示。

表 5-18　修复工程返工令

致： 　由于本指令单所述原因，通知贵单位按要求予以返工，并确保本返工工程项目达到合同条款中所规定的标准。 　　　　　　　　　　　　　　　　　环境监理单位（盖章） 　　　　　　　　　　　　　　　　　总环境监理工程师： 　　　　　　　　　　　　　　　　　　　　年　月　日
返工原因：
返工要求：
主受文单位签署意见： 　　　　　　　　　　　　　　　　　施工单位（章）： 　　　　　　　　　　　　　　　　　项目经理： 　　　　　　　　　　　　　　　　　　　　年　月　日

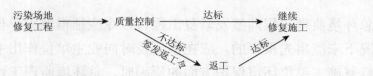

图 5-15　修复工程返工流程

环境监理过程中遇到下列情况，总环境监理工程师应及时签发修复工程暂停令（表 5-19），其工作流程详见图 5-16。根据影响范围和影响程度确定暂停时间。

图 5-16　修复工程暂停和复工

（1）业主单位要求暂停施工且修复工程需要暂停施工的。

（2）修复施工单位未经批准擅自施工或拒绝环境监理机构管理的。

（3）修复施工单位未按审查通过的工程设计文件施工的。

（4）修复施工单位未按批准的施工组织设计方案、修复技术设计方案施工的。

（5）修复施工存在重大质量、安全事故隐患或发生质量、安全事故的。

实际修复工程停工令应符合附表 21 的要求。

表 5-19　修复工程暂停指令单

致： 由于本指令单所述原因，通知贵单位按要求予以停工。 <div align="right">环境监理单位（盖章） 总环境监理工程师： 年　月　日</div>
停工原因：
复工要求：
施工单位签署意见： <div align="right">施工单位（盖章）： 项目经理： 年　月　日</div>

　　总环境监理工程师签发修复工程暂停令应征得业主单位同意，在紧急情况下未能事先报告的，应在事后及时向业主单位作出书面报告。由于非修复施工单位环境保护方面的原因时，总环境监理工程师应会同有关各方按修复施工合同约定，就有关事宜与业主单位、修复施工单位进行协商。

　　因修复施工单位原因暂停施工时，环境监理机构应检查、验收修复施工单位的停工整改过程、结果。当暂停施工原因消失、具备复工条件时，修复施工单位提出复工申请的，环境监理机构应审查施工单位报送的复工报审表（表 5-20）及有关材料，符合要求后，总环境监理工程师应及时签署审查意见，并应报业主单位批准后签发工程复工令（表 5-21）；施工单位未提出复工申请的，总环境监理工程师应根据工程实际情况指令施工单位恢复施工。

　　实际修复工程复工报审表及复工令应按附表 22、附表 23 的要求填写。

表 5-20　修复工程复工报审表单

致：
我方承担的修复工程已完成了以下各项工作，具备了开工/复工条件，特此申请施工，请核实并签发开工/复工指令。 附件： 1. 开工/复工报告　　　2. 证明文件 　　　　　　　　　　　　　　　　修复施工单位（盖章） 　　　　　　　　　　　　　　　　项目经理： 　　　　　　　　　　　　　　　　　　　年　月　日
审查意见： 　　　　　　　　　　　　　　　　环境监理单位（盖章） 　　　　　　　　　　　　　　　　总环境监理工程师： 　　　　　　　　　　　　　　　　　　　年　月　日

表 5-21　修复工程复工指令单

致：
由于本指令单所述原因，通知贵单位按要求予以复工。 环境监理单位（盖章） 总环境监理工程师： 年　月　日
复工要求：
已达要求：
施工单位签署意见： 施工单位（章）： 项目经理： 年　月　日

环境监理机构可按图 5-17 中的程序处理施工单位提出的工程变更申请（表 5-22），实际修复工程变更申请应符合附表 24 的要求。

表 5-22　工程变更申请单

申请单位		工程名称	
设计单位		修复单位	
申请修改理由： □业主要求　　　　　□修复区域变更　　　　□发现新的污染区域 □修复方案变更　　　□其他 拟稿人：　　　　　　　　　　　　　　项目经理： 　　　　　　　　　　　　　　　　　　　　年　月　日			
环境监理工程师初审意见： 建议修改方式：□自行修改　　　□通知设计单位修改　　　□另行委托 签名： 　　　　　　　　　　　　　　　　　　　　年　月　日			
环境监理单位审核意见： 总环境监理工程师： 年　月　日		业主单位意见： 业主签章： 年　月　日	
设计修改情况记录（附件）		修复施工单位意见： 项目经理： 年　月　日	

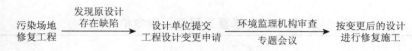

图 5-17 修复工程变更

（1）修复技术设计方案设计单位对原设计存在的缺陷提出工程变更的，应编制工程变更文件。对涉及工程设计文件修改的工程变更，应由业主单位转交原设计单位修改工程设计文件。

（2）总环境监理工程师组织环境监理工程师审查施工单位提出的工程变更申请，提出审查意见，同时报送环境保护行政主管部门。必要时，环境监理机构应建议业主单位组织设计、施工等单位召开论证工程设计文件的修改方案的专题会议。

（3）环境监理机构应了解实际环境保护情况，收集与修复工程环保变更有关的资料。

（4）按照委托环境监理合同，总环境监理工程师组织环境监理工程师对工程变更作出评估，主要包括确定修复工程变更前后的类似程度、难易程度以及变更的工程量。

（5）环境监理机构根据批准的工程变更文件监督施工单位实施工程变更。

环境监理机构处理工程变更应符合下列要求。

（1）环境监理机构在取得业主单位授权后，总环境监理工程师应按施工合同规定与修复施工单位进行协商，经协商达成一致后，总环境监理工程师应将协商结果向业主单位通报，并由业主单位与承包单位在变更文件上签字。

（2）在环境监理机构未能取得业主单位授权时，总环境监理工程师应协助业主单位和承包单位进行协商，并达成一致。

在总环境监理工程师签发工程变更单之前，修复施工单位不得实施工程变更。未经总环境监理工程师审查同意而实施的工程变更，环境监理机构不得予以计量。

5.6　修复工程验收

　　污染场地修复验收是在污染场地修复完成后，对场地内土壤和地下水进行调查和评价的过程，主要是通过文件审核、现场勘察、现场采样和检测分析等，进行场地修复效果评价，主要判断修复是否达到验收标准。在场地修复验收合格后，场地方可进入再利用开发程序，必要时需按后期管理计划进行长期监测和后期风险管理。竣工验收阶段的环境监理工作是对污染场地修复工程质量及各种环保措施的总结、整理和提高。不同于建设项目的试运行阶段，修复工程在完工后即进入验收阶段（图 5-18）。

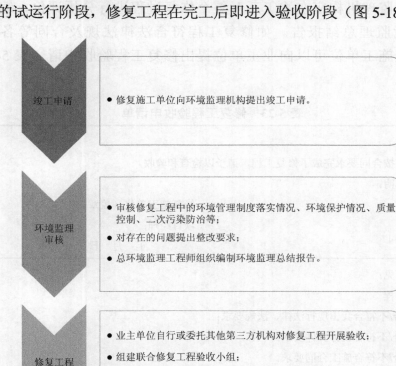

竣工申请
- 修复施工单位向环境监理机构提出竣工申请。

环境监理审核
- 审核修复工程中的环境管理制度落实情况、环境保护情况、质量控制、二次污染防治等；
- 对存在的问题提出整改要求；
- 总环境监理工程师组织编制环境监理总结报告。

修复工程竣工验收
- 业主单位自行或委托其他第三方机构对修复工程开展验收；
- 组建联合修复工程验收小组；
- 环境监理单位对验收方案提出修改意见，参与整个验收工作；
- 验收单位编制污染场地修复工程验收报告。

图 5-18　污染场地修复工程竣工验收工作流程

修复工程验收工作内容包括场地土壤清挖验收、修复效果验收，必要时还包括对后期管理计划合理性及落实程度的评估。后期管理是按照后期管理计划开展的包括设备及工程的长期运行与维护、长期监测、长期存档与报告等制度、定期和不定期的回顾性检查等活动的过程。

修复工程验收阶段环境监理主要包括以下工作内容。

1）验收申请审核

环境监理机构应在竣工后对整个修复过程进行分析评价，编制详细的环境监理总结报告。如修复工程符合法律法规及合同等各项要求，修复施工单位可以向业主单位提出修复工程验收申请（表 5-23，附表 19）。

表 5-23　修复工程验收申请单

致： 　我方已按合同要求完成了修复工程，请予以检查和验收。 附件说明： 　　　　　　　　　　　　　　　修复施工单位（盖章） 　　　　　　　　　　　　　　　项目经理： 　　　　　　　　　　　　　　　　　　年　月　日
审查意见： 修复工程 1. 符合/不符合我国现行法律、法规要求； 2. 符合/不符合设计文件要求； 3. 符合/不符合施工合同要求。   　　　　　　　　　　　　　　　环境监理单位（盖章） 　　　　　　　　　　　　　　　总环境监理工程师： 　　　　　　　　　　　　　　　　　　年　月　日

2）修复工程相关材料审核

环境监理单位依据有关法律、法规、修复技术设计方案、施工组织设计方案以及相关合同，对修复工程全过程进行审核，包括环境管理制度落实情况、环境保护情况、质量控制、二次污染防治等，对存在的问题提出整改要求，最后由总环境监理工程师组织编制环境监理总结报告。

3）参与修复工程验收

业主单位可以自行或委托第三方机构对修复工程开展验收。环境监理单位需对修复工程验收方案提供专业咨询和建议，作为验收小组成员应全程参与修复工程验收工作。最后，由验收单位编制污染场地修复工程验收报告。

第6章 污染场地修复工程环境监理工作方法

根据污染场地修复工程环境监理工作制度的要求，开展污染场地修复工程环境监理工作，具体工作方法包括核查、巡查、旁站、检测分析、记录、报告、环境监理会议、咨询、宣传培训、信息反馈等（图6-1）。

图 6-1 污染场地修复工程环境监理工作方法

6.1 环境监理核查

污染场地修复工程环境监理核查工作主要是指对修复技术方案、工程设计方案、工程实施方案等进行符合性审核。如果设计方案与实施方案有重大的不同之处，应尽快提示施工单位履行相关手续。重点关注项目与环境敏感区关系的变化、施工方案的变化可能带来的对环境敏感区影响的变化，以及设计文件中是否包含相应的环保措施。

6.2　修复现场巡查

现场巡查是指环境监理单位对监理范围内的环境和环境保护工作进行定期和不定期的日常监督、检查，这是环境监理的主要工作方法。环境监理部门应及时与修复施工单位沟通，按照一定频次对修复现场开展巡视检查（频次由修复施工的不同阶段具体情况而定），掌握工程实际情况和进度，指导各项环保措施的落实；针对工程符合性、二次污染控制等方面现场查找问题、提出建议，并做好现场巡视记录。

巡查工作的内容主要有受污染土壤、地下水区域的开挖及修复、修复药剂的储存和使用、路基填筑、构筑物拆除、应急设施设置及管理情况、土壤回填等。环境监理员通过巡查掌握修复施工每日的项目进展、施工内容、存在的环境问题及处理措施，并进行记录，编写完成环境监理日志。

6.3　旁　站　监　理

旁站监理是指在进行某些修复施工工序涉及环境敏感区域、可能对周边环境造成较大影响等工程时，环境监理单位对一些重要环节所采取的连续性的全程监督和检查。重要环节一般包括：施工区内环境影响较大的污染源防治、重要污染防治设施施工、重大施工环境问题处理、涉及环境敏感点的施工、生态破坏大的施工等。在旁站过程中，环境监理单位应做好定时的影像和文字记录，并将评估结果整理上报业主单位。

对施工敏感点防护、污染防治等措施落实情况实施重点监控，对主要环保工程建设实施旁站监理，并通过环境监理会议、记录和信息反馈等方式进行日常监督，以便随时发现和解决施工过程存在的环境问题。

6.4 检测分析

为掌握日常施工造成的环境污染情况、指导环境监理工作的开展，环境监理单位可以通过便携式环境监测仪器（如便携式重金属检测仪 XEF、便携式挥发气体检测仪 PID 等）进行现场快速环境监测，观察、分析具体的污染数据，判断基坑开挖等是否满足要求、现场二次污染控制效果等，辅助环境监理工作；对较复杂的环境监测内容可以建议业主单位另行委托有资质的第三方单位开展。

6.5 记录与报告

记录分为现场记录和总结记录两部分。现场记录包括现场环境描述、环境监测数据、环境保护措施落实情况等；总结记录包括环境监理会议记录、环保污染事故记录等，待形成专题报告后上报业主单位和环保部门备案。环境监理人员日常填写现场巡查和旁站记录等。

报告是指环境监理单位对某一阶段或某一专题的环境监理情况，向修复工程业主单位和环境保护行政主管部门报告。污染场地修复工程环境监理报告的形式多样，主要有环境监理业务联系单、定期（月报、季报、年报）/不定期报告、专题报告、环境监理阶段性报告、总结报告等形式，便于业主单位、环境监管部门能够及时掌握修复工程环保状况。对于项目施工过程中出现的重大问题，监理单位需要在调查研究的基础上，及时形成环境监理专题报告提交主管部门。

6.6　环境监理会议

环境监理工作会议包括环境保护第一次环境监理工作会议、环境监理例会和环境监理专题会议等形式。环境保护第一次环境监理工作会议在项目全面展开前举行，目的在于让履约方相互熟悉并取得联络方式，检查准备工作，明确监理程序。环境监理例会应在修复工程施工期间内定期举行（一般1次/月），参会方包括：总环境监理工程师、环境监理人员、总工程监理工程师、委托方代表、施工方负责人。在会议上，修复施工单位需提交环保工作月报，定期汇报当月环保工作情况，以保证项目其他各参与方及时掌握修复工程进展情况。监理方对存在的问题做出陈述分析，经讨论后形成整改方案和时间表。环境监理专题会议主要针对重大环境问题，如修复现场突发污染事件、基坑开挖与设计方法不一致等，目的在于沟通情况、交流经验、加强环保管理、统一行动。

6.7　专 业 咨 询

环境监理机构需要向修复工程参与方提供全过程的专业环境咨询，内容包括污染防治措施、环保政策法规、环保管理制度等。

环境监理单位应全面准确地掌握工程的环保要求，及时在图纸设计阶段发现问题，对设计文件存在的问题提出解决方案。施工阶段的环保咨询主要是对二次污染控制、质量控制的技术监督并提出合理建议。

6.8 宣传培训

通过向修复工程实施单位相关人员宣传生态环境知识，可以直接影响施工过程的环境保护效果。环境监理在开展宣传培训时的两个重点宣传对象一个是工程监理单位，另一个是修复工程施工单位。宣传的内容包括施工期的环保知识和环境保护法规、政策等。宣传的途径包括召开工地会议时发放书面宣传材料、制作宣传标语和环境保护警示牌、组织开展环境保护知识问答和竞赛等。

环境监理应对修复工程相关单位组织的工程施工、设计、管理人员开展环境保护培训，培训形式包括授课、讲座、考试等。

6.9 信息反馈

环境监理人员现场巡视检查时如发现施工引起的环境污染、基坑开挖不合理、修复质量不符合要求等问题时，应立即通知施工单位的现场负责人员纠正和整改。

（1）总环境监理工程师签发业务联系单，要求修复施工单位进行整改，并抄送业主单位。

（2）整改完成后，由环境监理单位会同业主单位、修复工程监理单位对整改结果是否满足要求进行检查。

第7章 污染场地修复工程环境监理工作制度

环境监理单位应建立一系列工作制度，以保证环境监理工作规范有序地进行。目前已经提出的制度包括工作记录制度、文件审核制度、会议制度、应急报告与处理制度、工作报告制度、监理例会制度、函件来往制度、检查认可制度、人员培训和宣传教育制度、档案管理制度、质量保证制度、工程质量评估报告制度等（图 7-1）。

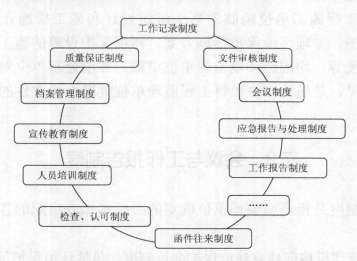

图 7-1 污染场地修复工程环境监理工作制度

7.1 环境监理工作记录制度

环境监理记录是工程信息汇总的重要来源，是环境监理工程师作出行动判断的重要基础资料。环境监理工程师应根据修复工程实施情况、环境监理工作情况作出工作记录，重点描述对项目现场环境保护工作的检查监督情况，描述当时发现的主要环境问题，问题发生的责任单位，分析产生问题的主要原因，提出对问题的处理意见。主要包括历史性记录、质量记录、竣工记录等。

7.2 文件审核制度

文件审核制度是指环境监理单位对修复工程施工单位编制的，与修复工程相关的环境保护措施、环境保护设施的施工组织设计、质量控制等进行审核的规定。

修复工程施工单位编制的施工组织设计和施工措施计划中的环境保护措施、专项环境保护措施方案、环境保护设施的施工计划、质量控制手段等，均应经环境监理单位审核。环境监理单位对上述文件的审核意见，是场地修复项目工程监理单位批准上述文件的基本条件之一。

7.3 会议与工作报告制度

会议制度是指环境监理单位确定的必须参加或组织的各种会议的规定。

环境监理机构应建立环境保护会议制度，包括环境保护第一次环境监理工作会议、环境监理例会和环境监理专题会议。对环境监理例会，应明确召开会议的时间、地点、主要参加单位与人员、一般会议议程等。在会议期间，修复工程施工单位对近一段时间的环境保护工作进行回顾性总结，环境监理工程师对该阶段环境保护工作进行全面评议，肯定工作中的成绩，提出存在的问题及整改要求。每次会议都要形成会议纪要，如有重大事故或突发情况发生，可随时召开会议。

环境监理报告是污染场地修复工程中环境保护工作的一项重要内容，工作报告制度是环境监理单位对现场环境监理情况定期报告的规定，包括环境监理月报、季报、半年报、环境监理专题报告、设计阶段和施工阶段环境监理报告、环境监理总报告。

定期报告包括监理工作月报、季报、年报等，应涵盖工程概况、环境保护执行情况、阶段质量控制情况、环保措施落实情况、环保事故隐患或环保事故、监理工作中存在的主要问题及建议等内容。

当项目出现重大环保问题时，需形成环境监理专题报告提交业主单位和修复施工单位。工程项目若涉及环境敏感目标，如自然保护区、饮用水水源保护区等，同样应编制专题报告。

环境监理阶段性报告须在修复工程设计阶段和修复工程施工阶段结束后形成，对项目设计、施工过程中的环境监理工作进行总结，反映问题并提出处理建议。

环境监理总结报告形成于开展竣工验收的准备工作阶段，是修复工程申请竣工验收的必备材料之一。

修复工程环境监理单位应及时向业主单位及环境保护行政主管部门提交环境监理月报、季报、半年报，报告环境监理现场工作情况以及环境监理范围内的环境状况。

与建设项目不同，由于污染场地修复工程无试运行阶段，项目在施工阶段环境监理工作结束后，环境监理单位应向环境保护行政主管部门及业主单位提交环境监理总报告，全面总结修复项目实施过程的二次污染防治、质量控制、环境管理工作。

7.4　应急报告与处理制度

应急报告与处理制度是环境监理单位在现场发生环境紧急事件后

应采取的报告和处理的规定。

环境监理单位应针对环境监理范围内可能出现的环境风险，制定环境紧急事件报告和处理措施应急预案。应急预案中应明确需要向项目业主单位以及环境保护、公安、卫生等行政主管部门及时报告的事项，并应明确需要采取的应急措施。

7.5 函件来往与档案管理制度

环境监理工程师在现场检查过程中发现的环境问题，应通过下发环境监理通知单形式，通知施工单位需要采取的纠正或处理措施；对施工单位某些方面的规定或要求，必须通过书面形式通知。情况紧急需口头通知时，口头通知后必须以书面函件形式予以确认。同样，施工单位对环境问题处理结果的答复以及其他方面的问题，也应致函环境监理工程师。

环境监理单位对环境信息文件进行管理，包括文字、影像、图片、电子文档等，由于信息来源广、信息量大、流程复杂，需要对信息进行制度化、规范化管理。环境监理应制定文件管理制度，对文件分类、归档等方面予以规定，对修复工程相关信息及时进行梳理和分析，指导和规范现场工作。档案管理制度主要包括以下内容：

（1）环境监理工作中形成的、具有保存价值的文件资料应定期移交档案管理人员。

（2）档案管理人员对接收进库的各类档案资料要及时登记，进行科学分类、编目、排架。

（3）定期检查档案保存情况，发现破损和字迹不清的应及时修补、复制。

（4）档案库存做到账务相符，搞好档案开发利用。

（5）环境监理人员可按规定查阅环境监理业务档案，借出使用须办理借阅手续。

（6）非监理机构人员查阅环境监理业务档案，须经监理机构负责人批准后，方可查阅。

（7）需要摘抄、复制档案材料，须经监理机构负责人批准同意。

（8）借阅档案材料必须妥善保管，注意保密。

7.6　检查、认可制度

检查、认可制度是指对建设项目施工过程中重要环境保护措施和环境问题处理结果的检查、认可的规定。

污染场地修复工程施工单位在完成重要的环境保护措施或采取质量控制措施后，应报环境监理单位检查、认可。环境监理工程师应跟踪检查，要求施工单位限期处理环境问题、质量问题，若处理合格，予以认可；若未处理或处理不合格，则应采取进一步的环境监理措施。

7.7　人员培训和宣传教育制度

人员培训分为岗位培训和技术培训两类。岗位培训方面，从业人员应获得相应资质。环境监理资质有环境监理员、环境监理工程师、总环境监理工程师三种。从业人员都应参加环境监理岗位培训并取得岗位培训考试合格证书，具备更高条件者应申请登记环境监理工程师和总环境监理工程师，申请登记条件参照国家或有关省市环境监理从业人员的管理暂行办法。监理从业人员应实行继续教育制度，在登记有效期内，需完成 48 学时的继续教育。

技术培训方面，污染场地修复环境监理不同于一般的工程环境监理，环境监理单位从业人员应定期参加污染场地修复相关技术培训，提高专业素质。培训方式包括授课、讲座、知识竞赛等。

7.8 质量保证与奖惩制度

环境监理的质量保证制度包括以下几个方面：

（1）环境监理单位资质证书的保证。监理机构需符合环境监理市场的准入要求，具体参照国家或有关省市的建设项目环境监理工作方案中的相关要求。

（2）环境监理单位技术素质的保证。场地修复环境监理的从业人员需具有较丰富的现场经验，针对意外状况能够妥善处理，能够较好地分析环境监理相关材料。

（3）环境监理单位监测条件的保证。环境监理机构需要有较好的仪器设备条件，能够满足现场监测和采样的需要。

（4）环境监理单位环境监理相关资料的保证。包括国家发布的有关法律、法规、技术规范、技术标准，修复工程资料、省内市县的环境保护规划、城市发展规划、生态保护规划、气象资料、水文地质资料等。

（5）为保证和控制环境监理的工作质量，环境监理应严格按照国家与地方有关规定、环境监理方案及实施细则开展工作。

（6）对环境监理期间发生的各种情况须进行详细记录，阶段报告和总结报告须执行内部会商及多级审核制度。

环境监理单位应在污染场地修复工程业主单位的支持下，结合施工承包合同条款和施工单位相关管理制度和要求，建立环境保护奖惩制度以推动环境保护工作、提升环境监理工作成效。对于能够认真履行施工合同环境保护条款和执行环境监理工作指令、环境保护效果突出的承包商，由业主单位给予奖励；对于不能严格履行环境保护条款、对环境监理指令执行不到位的承包商给予相应处罚。奖励包括通报表扬、经济奖励等，处罚包括通报批评、撤换责任人员、暂缓和扣减工程进度款等。

第8章 污染场地修复工程环境监理机构、人员及设施

8.1 修复工程环境监理机构

污染场地修复工程环境监理单位实施环境监理时，应在施工现场建立修复工程环境监理机构。环境监理机构的组织形式和规模可依据污染场地修复工程环境监理合同约定的服务内容、服务期限以及修复工程特点、规模、技术复杂程度、环境保护要求等因素确定。

8.1.1 环境监理模式

目前，在一般建设项目环境监理机构的设置上，环境监理与工程监理主要存在以下三种工作模式。

（1）模式 1：独立式监理模式。环境监理与工程监理相互独立，呈并列关系。其优点是环保知识专业化、与环保主管部门协调能力强、环保要求把握准确；缺点是环境监理人员对工程实施相关知识情况了解不足，对施工单位的约束和指导、执行力不足。

（2）模式 2：包容式监理模式。工程监理完全负责环境监理，其优点是充分利用工程监理体制，环保工作与质量、进度、费用直接挂钩，执行力强；缺点是业务人员环保知识不足、针对性不强。

（3）模式 3：组合式环境监理。监理单位内设置环保监理部门，由

环保人员担任监理工作。其优点是利于资源共享、实时跟进、较好地发挥专业性；缺点是受制于工程监理，独立性难以得到保证。

由于修复工程属于环保工程，对实施监理工作人员的环境保护知识要求较高，建议采取独立式监理模式开展修复工程环境监理工作，以保证修复工程按设计方案开展。目前，在我国已实施的污染场地修复工程中，也多采用独立的环境监理工作模式。

8.1.2　环境监理机构的权利

根据一般建设项目环境监理机构的权利归属及污染场地修复工程环境监理工作的专业性，环境监理机构享有监理权、知情权、参议权和支付权。

1）监理权

监理权是环境监理机构的基本权利，是其开展污染场地修复工程环境监理工作的前提，知情权、参议权和支付权是强化环境监理机构监理权的有效措施和必要保证。

2）知情权

环境监理机构有权了解和掌握污染场地修复工程的各项情况。需要熟悉污染场地修复工程修复技术、施工组织设计方案等。在实际监理过程中，经业主单位、修复施工单位、工程监理单位等批准、发布的施工计划、施工措施、环境保护措施等材料均需同时发送至环境监理单位，以便及时配合开展环境监理工作。知情权是环境监理机构与修复工程各方密切配合和开展工作的有效保障。

3）参议权

环境监理机构在开展准备阶段的环境监理工作后，已经熟悉掌握了修复工程的基本信息，有权参加修复施工阶段涉及环境保护、污染防治、修复工程质量控制、修复方案变更等的决策和商议。

4）支付权

环境监理机构有权根据合同规定向修复工程环保设施施工单位等支付执行环境监理合同的费用。支付权是环境监理工程控制和引导修复工程中产生的环境问题、修复质量问题等管理的有效措施。

8.1.3　环境监理机构的利益

污染场地修复工程环境监理机构的利益主要包括监理费用和工作环境。

（1）环境监理工作是一种高质量的技术服务，且其工作对象复杂、时间长，对环境监理工作人员的综合能力和专业技术水平的要求均较高，环境监理单位投入的人力和物力通常较大。业主单位需要为环境监理单位提供合适的监理价格，以保证其能够派出高素质的环境监理人员，提供更优质的环境监理服务。环境监理费用应在现有的修复工程费用的基础上，按照修复工程环境监理的工作量和工作难度进行费用核定。

（2）环境监理单位在开展监理工作时，施工单位应为其提供必要的物质保障，这是环境监理的基本工作条件。此外，环境监理机构应做好环境保护有关知识的宣传教育工作，提高业主单位、修复施工单位和工程监理单位有关人员的环境保护意识和污染场地修复工程污染防治理念，可在一定程度上减少环境监理工作成本，间接获得利益。

8.2　环境监理人员

环境监理机构的监理人员应由总环境监理工程师、场地修复监理工程师、环境监理工程师和环境监理员组成，专业配套、人员数量应满足污染场地修复工程环境监理工作的需要，必要时可设总环境监理工程师代表。区别于一般建设项目，污染场地修复工程环境监理机构必须配备场地修复监理工程师，对环境监理工作进行全程专业指导。

在修复工程环境监理合同签订后的十个工作日内，环境监理单位应及时将环境监理机构的组织形式、人员构成及对总环境监理工程师的任命书单（按表 8-1 的形式）通知业主单位。

表 8-1　总环境监理工程师的任命书单

致：（业主单位） 兹任命：（注册监理工程师注册号） 为污染场地修复工程总环境监理工程师，负责履行修复工程环境监理合同。 <div align="right">环境监理单位（盖章） 法定代表人 年　月　日</div>

实际修复工程中总环境监理工程师任命书应按附表 1 的要求填写。

环境监理单位调换总环境监理工程师时，应征得业主单位书面同意；调换环境监理工程师时，总环境监理工程师应书面通知业主单位。

一名总环境监理工程师可担任一项污染场地修复工程环境监理合同的总环境监理工程师。当需要同时担任多项污染场地修复工程环境监理合同的总环境监理工程师时，应经业主单位书面同意，且最多不宜超过三项。修复施工现场环境监理工作全部完成或污染场地修复工程环境监理合同终止时，项目环境监理机构可撤离施工现场。

8.2.1　总环境监理工程师

总环境监理工程师应为具有注册环境影响评价工程师或注册监理

工程师登记证书（或拥有环境保护部颁发的《建设项目竣工环境保护验收监测人员培训合格证》）、具备高级以上环保相关专业技术职称、具有 3 年以上环境保护或工程监理相关专业从业经验、经省级以上培训取得环境监理岗位证书（或者岗位培训考试合格证书）的人员。

总环境监理工程师应履行下列职责：

（1）确定环境监理机构人员及其岗位职责。

（2）主持编制环境监理方案，审批环境监理实施细则，负责管理修复工程环境监理机构的日常工作。

（3）审查修复施工单位在环境方面的保护措施和设施投入，并提出审查意见。

（4）根据修复工程进展及环境监理工作情况调配环境监理人员，检查环境监理人员工作。

（5）组织召开环境监理例会，签发环境监理机构的文件和指令。

（6）组织审查修复施工单位提交的环境保护措施的开工报告、修复技术设计方案、施工组织设计方案。

（7）组织检查施工单位环境保护管理（职业防护、环保措施等方面）等相关体系的建立及运行情况。

（8）组织审查和处理修复工程变更。

（9）组织审查施工单位工程修复工程质量检验资料，组织对修复工程开展阶段的质量控制工作。

（10）审查修复施工单位与环境保护工作有关的申请。

（11）审查修复施工单位的竣工申请，组织修复工程竣工预验收，参与修复工程竣工验收。

（12）参与或配合修复工程质量、环境保护问题的调查和处理。

（13）组织编写环境监理月报、环境监理季报、环境监理工作阶段汇报和环境监理工作总结。

（14）组织整理环境监理资料（文件、指令、图像、报告等与污染场地修复工程环境监理相关的所有资料）。

8.2.2 场地修复监理工程师

场地修复监理工程师是针对污染场地修复工程环境监理工作特点设定的职位，其与环境监理总工程师具有同样重要的地位和意义。

场地修复监理工程师需为具有注册环境影响评价工程师或注册监理工程师登记证书（或拥有环境保护部颁发的《建设项目竣工环境保护验收监测人员培训合格证》）、具备中级以上环保相关专业技术职称、具有2年以上污染场地修复工程实践经验（区别于总环境监理工程师，突出了污染场地修复工程环境监理机构在技术需求上的特点）、经省级以上培训取得环境监理岗证书（或者岗位培训考试合格证书）的人员。

场地修复监理工程师的职责与总环境监理工程师有一定的重合，但侧重于从污染场地修复的专业角度为环境监理工作提供专业指导，主要包括以下方面。

（1）为环境监理方案、环境监理实施细则提供专业指导意见。

（2）协助审查修复施工单位提交的环境保护措施的开工报告、修复技术设计方案、施工组织设计方案。

（3）协助审查施工单位工程修复工程质量检验资料，组织对修复工程开展质量控制工作。

（4）协助审查修复施工单位的竣工申请，组织修复工程竣工预验收，参与修复工程竣工验收。

（5）参与、配合修复工程质量的调查和处理。

8.2.3 总环境监理工程师代表

总环境监理工程师代表从业要求参见总环境监理工程师。总环境监理工程师代表应履行下列职责。

（1）负责总环境监理工程师交办的环境监理工作。

（2）根据总环境监理工程师的书面授权，行使总环境监理工程师的部分职责和权力。

总环境监理工程师不得将下列工作委托给总环境监理工程师代表：①主持编制环境监理方案，审批环境监理实施细则。②根据修复工程进展及环境监理工作情况调配环境监理人员。③组织审查修复施工单位提交的环境保护措施的开工报告、施工组织设计、修复技术设计方案。④审查修复施工单位的竣工申请，组织修复工程竣工预验收，参与修复工程竣工验收。

8.2.4　环境监理工程师

环境监理工程师应为具有注册环境影响评价工程师或注册监理工程师登记证书（或拥有环境保护部颁发的《建设项目竣工环境保护验收监测人员培训合格证》）、具有中级以上环保相关专业技术职称、具有 3 年以上环境保护或工程监理相关专业从业经验、经省级以上培训取得环境监理岗证书（或者岗位培训考试合格证书）的人员。

环境监理工程师应履行下列职责。

（1）参与编制环境监理方案，负责编制环境监理实施细则。

（2）审查施工单位提交的涉及环境保护的报审文件，并向总环境监理工程师报告。

（3）核查进场材料、环保设备、构配件原始凭证、检测报告等质量证明文件及其质量情况说明，并对其进行检验，合格后予以签认，允许在修复工程中使用。

（4）指导、检查环境监理员的工作，定期向总环境监理工程师报告环境监理员的工作情况。

（5）处置施工中发现的环境保护及环境质量问题等。

（6）发现重大环境问题和修复工程质量问题应及时向总环境监理工程师报告和请示。

（7）审查修复施工单位提交的修复工程相关计划、方案、申请、变更等，并向总环境监理工程师报告。

（8）负责环境保护工程计量和修复工程质量检验工作，审核原始文件、凭证和说明等。

（9）组织编写环境监理日志，参与编写环境监理月报、环境监理季报，定期向总环境监理工程师报告环境监理工作实施情况。

（10）收集、汇总、参与整理环境监理文件资料。

（11）参与修复工程竣工预验收，参与修复工程竣工验收。

8.2.5　环境监理员

环境监理员应经省级以上培训取得环境监理岗证证书（或者岗位培训考试合格证书）。

环境监理员应履行下列职责。

（1）在环境监理工程师的指导下开展现场环境监理工作。

（2）检查修复施工单位环保投入的人力、材料、主要环保设备的使用及运行状况，做好检查记录。

（3）复核或从施工现场直接获取与环境保护工程计量以及修复工程质量有关的数据，并签署原始凭证。

（4）按照修复技术设计方案和施工组织设计方案，检查并记录修复施工单位的环境保护工作过程和污染土壤、地下水修复过程。

（5）担任旁站、巡查等工作，发现修复施工中的环保问题后应及时指出并向环境监理工程师报告。

（6）做好环境监理日志和有关环境监理记录。

8.2.6　环境监理人员守则

（1）按照"诚信、守法、公正、科学"的准则执业。

（2）执行与修复工程环境保护相关的法律、法规、规范、准则、标准、制度等，履行环境监理合同规定的义务和职责。

（3）坚持独立自主开展环境监理工作，端正工作态度，及时准确地指出修复工程中发现的问题。

（4）努力学习，不断充实内在实力，提高业务能力和专业水平。

（5）不泄漏修复工程相关的保密事项。

（6）严格监理，平等待人，虚心听取各方意见和建议，进一步提高环境监理服务水准。

8.3　环境监理设施

环境监理单位与业主单位应在委托环境监理的合同中明确在污染场地修复工程中双方各自所需提供、配备的环境监理设备、设施。

环境监理单位应根据修复工程的类别、修复规模、修复技术复杂程度、修复工程所处环境条件等，配备满足污染场地修复工程环境监理所需的有机物及重金属等便携式检测设备和工具（如 PID、FID、XRF 等），并在实际开工前到位。

业主单位应按修复工程环境监理合同约定，提供环境监理工作所需的办公、交通、通讯生活等基础设施，并登记造册。

环境监理机构应妥善使用和保管业主单位提供的设施，并应按修复工程环境监理合同约定的时间移交业主单位。

8.3.1 基础办公设施

为满足环境监理的日常工作需求，综合考虑季节、夜间等不同工作环境，环境监理单位需为环境监理工作人员配备或由业主单位、修复施工单位现场提供环境监理工作开展所需的基础办公设施，如笔记本电脑、照相机、测距仪、GPS 定位仪、打印机等（图 8-1）。

图 8-1　基础办公设施

8.3.2 便携式快速检测设施

环境监理工作人员需要在监理过程中开展污染控制和质量控制等工作，便携式快速检测仪（图 8-2）能够辅助环境监理员更好地开展相应的工作。

1）挥发性有机气体检测仪

针对有机污染场地，挥发性有机气体检测仪（PID）能够快速检测气体中的挥发性有机污染物浓度。市场上存在的便携式 PID 检测仪体积小、携带方便、数据采集快，可以连续十余小时检测 VOC 气体。

图 8-2　多种便携式快速检测仪

应用案例：开展南京某场地深层土壤环境调查现场采样工作时，采用 PID 对土壤样品进行现场快速检测，主要方法为采取适量土壤样品置于密封袋内，静置数分钟后将 PID 探头伸入土样密封袋中，仪器读数立刻升高至数千 ppm，表明土样中 VOCs 的浓度非常高。该仪器有利于现场工作人员快速判断土壤中 VOCs 的浓度范围，提示现场作业人员做好安全防护工作，并为后续实验室检测提供参照。

2）便携式重金属检测仪

重金属污染场地使用最广泛的是便携式重金属检测仪（XRF），它具有以下特点。

（1）分析速度快。测定用时与测定精密度有关，但一般都很短，2～5 分钟就可以测完样品中的全部待测金属元素。

（2）X 射线荧光光谱跟样品的化学结合状态无关，而且跟固体、粉末、液体及晶质、非晶质等物质的状态也基本上没有关系。气体密封在容器内也可分析。但是在高分辨率的精密测定中却可发现波长变化等现象。特别是在超软 X 射线范围内，这种效应更为显著。波长变化用于化学位的测定。

（3）非破坏分析。在测定中不会引起化学状态的改变，也不会出现试样飞散现象。同一试样可反复多次测量，结果重现性好。

（4）X射线荧光分析是一种物理分析方法，所以对在化学性质上属同一族的元素也能进行分析。

（5）分析精密度高。

（6）制样简单，对固体、粉末、液体样品等都可以进行分析。

便携式重金属检测仪可快速检测土壤等固体样品中的重金属浓度，开展现场检查、评估工作，辅助判断重金属污染区域基坑清挖程度、修复效果等。

应用案例：开展泰州某重金属污染场地环境调查工作时，采用XRF有针对性地对采出的土壤样品进行现场测试。因该场地的污染因子判断为重金属，业主单位已将受污染的土壤及固废清挖至指定地点暂存，故通过使用XRF检测结果初步判定土样的污染程度和清挖效果，现场指导业主单位对未清挖完全的污染土壤进一步清挖，直至现场检测结果符合相关标准。在此基础上，采取土壤样品送实验室分析检测，通过实验室检测结果最终判定该场地的土壤质量。

3）便携式水质分析仪

便携式水质分析仪以电位分析、电导分析等理论为依据，并综合运用了电化学传感器、集成电子与单片机技术，是环境保护领域进行水质分析的理想工具。该便携式水质分析仪可在现场快速检测水体pH、氧化还原电位、溶解氧、氨氮等水质基本指标参数，为现场工作人员提供水质判别依据，以更好地开展地表水、基坑积水、地下水等相关的环境监理工作。

应用案例：开展镇江某污染场地地下水采样工作时，采用便携式水质分析仪对现场采集的地下水样品进行pH、溶解氧、温度等基本水质参数的测定，获得了地下水水质的第一手数据，避免了长途运输后实验室分析所造成的误差，有利于现场工作人员判断水质，指导后续地下水样品的采集工作。

8.3.3　人员防护设施

污染场地修复工程实施过程中伴随着污染物的迁移和转化过程，现场环境监理工作人员的工作环境比较恶劣，可能存在大气污染、水污染、噪声污染等问题，需要配备完善的健康防护设施，如口罩、护目镜、防护服、安全头盔、橡胶手套、工作鞋等（图 8-3），充分保护现场环境监理工作人员的身体健康和人身安全。

图 8-3　人员防护设施

第9章 污染场地修复工程环境监理文件管理

9.1 污染场地修复工程环境监理文件体系

环境监理机构应建立完善的环境监理文件资料管理制度，设专人管理环境监理文件资料，并应及时、准确、完整地收集、整理、编制、传递环境监理文件资料。

环境监理单位应根据修复工程特点和有关规定，保存环境监理档案，并应向有关单位、部门移交需要存档的环境监理文件资料。在环境监理工作结束后，形成以下环境监理文件。

1. 合同契约

（1）修复工程环境监理合同及其他合同文件。

（2）总环境监理工程师任命书。

2. 技术资料

（1）场地环境调查报告、风险评估报告等。

（2）施工组织设计方案、修复技术设计方案文件资料。

（3）环境监理方案、实施细则。

3. 会议纪要

（1）设计交底和图纸会审会议纪要。

（2）施工前工程交底会议、环境监理例会、专题会议等会议纪要。

4. 日常管理文件

（1）工程开工令、暂停令、复工令，开工或复工报审文件资料。

（2）旁站记录。

（3）环境监理日志。

（4）环境监理报告（月报、季报）。

（5）环境监理工作总结报告。

（6）环境监理工作业务联系单。

（7）修复工程变更、延期文件资料。

（8）修复工程费用增加、工程款支付文件资料。

（9）施工质量控制及样品检测相关文件资料。

（10）修复工程环境事故处理文件资料。

（11）修复工程竣工验收监理文件资料。

9.2　重要文件资料编制

9.2.1　污染场地修复工程环境监理工作方案

环境监理方案是全面开展环境监理工作的行动纲领，是环境保护主管部门对环境监理单位监督管理的依据，是业主确认环境监理单位履行合同的主要依据，也是环境监理单位内部考核的依据和重要存档资料。

污染场地修复工程环境监理方案是环境监理单位根据污染场地修复项目的规模、性质及项目委托单位对环境监理的要求而编制的。在污染场地修复工程实施过程中，以该方案作为指导环境监理机构全面开展环境监理工作的操作性文件。污染场地修复工程环境监理方案报送到环保部门审核备案后，该修复工程项目方可开工实施。

环境监理方案应结合修复工程实际情况，明确环境监理机构的工作目标，确定具体的环境监理工作制度、工作内容、工作程序、工作方法和措施，并应具有可行性和可操作性。环境监理方案可在签订污染场地修复工程环境监理合同并收到修复技术设计方案、施工组织设计方案后，由总环境监理工程师主持、环境监理工程师参与编制环境监理方案。完成后必须经环境监理单位技术负责人审核批准。环境监理方案应在召开第一次工地会议前报送业主单位，并抄送修复施工单位、工程监理单位及环境保护行政主管部门。

1. 编制依据

修复工程施工开始前，环境监理单位根据场地环境调查评估报告、修复技术设计方案、施工组织设计方案以及工程相关合同等，仔细分析修复施工过程中可能产生的环境污染问题和需要着重关注的修复工程施工环节等，编制详细的环境监理方案和环境监理实施细则，用以指导实际修复工程的环境监理工作。

1）国家、地方法律法规及环境保护标准

在污染场地修复工程环境监理中，应按照有关法律法规及环境保护标准要求开展工作，包括修复工程涉及的水、气、声、固废等有关污染物排放标准，以及控制标准、监测方法等。

2）场地环境调查与风险评估报告

采用系统调查的方法确定场地是否被污染及污染程度和范围，并在此基础上分析污染场地土壤和地下水中污染物对人群的主要暴露途径，评估污染物对人体健康的致癌风险或危害水平。场地环境调查与风险评估报告为污染场地修复工程参与各方提供了翔实的场地相关资料，有助于深入了解场地现状。

3）污染场地修复技术设计方案及施工组织设计方案

根据修复目标和修复要求由设计单位编制污染场地修复技术设计方案，并由施工单位编写施工组织设计方案。

4）环境保护行政主管部门对污染场地修复工程的意见

业主单位启动污染场地修复后，应到当地环境保护行政主管部门备案登记，并依据环境保护行政主管部门对修复工程的意见做出回应和方案调整。

5）修复工程环境监理合同及修复工程承包合同

即业主单位与环境监理单位、修复施工单位等签定的合同。

2. 主要内容

污染场地修复工程环境监理方案应包括以下主要内容：

（1）项目概况：修复工程名称、业主单位、修复工程施工单位、环境监理单位、修复地点、修复规模与要求、修复技术、修复目标、修复工期等。

（2）环境监理工作目标、内容、方法、依据、程序、组织方式、制度等。

（3）环境监理工作范围及要点：确认某一特定修复工程环境监理的特点、要求，明确质量控制、二次污染防治等工作。

（4）环境监理保障措施。

3. 污染场地修复工程环境监理方案编制大纲格式

1　总论

　1.1　任务由来

　1.2　编制依据

9.2.2 污染场地修复工程环境监理实施细则

环境监理机构应编制污染场地修复工程环境监理细则，应符合环境监理方案的要求，结合修复工程的特点，做到详细具体，具有可操作性。环境监理实施细则应在修复工程施工开始前由环境监理工程师编制完成，并经总环境监理工程师批准。

1. 编制依据

（1）污染场地环境调查与风险评估报告；

（2）污染场地修复工程修复技术设计方案及施工组织设计方案；

（3）已批准的环境监理方案；

（4）与修复工程相关的标准、设计文件和技术资料等。

2. 实施细则主要内容

（1）修复工程技术特点；

（2）环境监理工作的流程；

（3）环境监理工作要点和目标；

（4）环境监理工作的方法及措施。

在环境监理工作实施过程中，环境监理实施细则应根据实际情况进行补充、修改和完善。

9.2.3　污染场地修复工程环境监理总结报告

在环境监理方案的指导下，环境监理单位负责规范化开展设计和施工阶段的环境监理工作，结合修复工程实际情况，编制污染场地修复工程环境监理总结报告。全面总结污染场地修复工程项目环境监理成果，对修复工程实施过程中的环保工程或环保措施、二次污染防治、修复工程质量控制等做出客观评价，得到修复工程项目是否满足竣工环境保护验收条件的初步结论，并对修复工程中存在的问题提出处理意见和建议。报告将作为污染场地修复工程项目竣工验收的必要条件，由专家论证后提交环境管理部门进行审核并建档保存。

1. 总结报告主要内容

（1）总论：说明项目的由来、报告编制依据、环境标准等。

（2）环境监理工作实施情况：环境监理工作的范围、目标、机构、方法、制度及监理方案的落实情况。

（3）符合性审核结果：修复工程基本情况、总平面布置、修复设备、环境保护目标等与设计文件的符合性。

（4）管理体系监理结果：项目管理体系、各单位管理体系及其在质量、造价、进度、安全、环境影响等方面的落实情况。

（5）污染控制监理结果：环保设施的到位情况、环保措施和环境风险防范措施等的落实情况、污染物排放及控制等。

（6）修复效果质量控制：环境监理单位根据土壤、地下水样品自检结果以及第三方检测机构检测结果评价污染土壤、地下水的修复效果和基坑清挖情况。

（7）结论与建议。

2. 污染场地修复工程环境监理总结报告编制大纲格式

1　污染场地修复工程概况

    1.1　任务由来

    1.2　修复工程基本情况

2　环境监理工作开展情况

    2.1　环境监理工作范围

    2.2　环境监理工作目标

    2.3　环境监理工作制度

    2.4　环境监理组织机构及人员

    2.5　环境监理工作方法

    2.6　环境监理方案落实情况

3　修复工程主要环境影响

    3.1　水环境影响

    3.2　大气环境影响

    3.3　固体废物环境影响

    3.4　声环境影响

    3.5　生态环境影响

    3.6　社会环境影响

    3.7　其他环境影响

4　污染控制监理结果

    4.1　环保设施落实情况

    4.2　环保措施和环境风险防范措施等落实情况

    4.3　污（废）水治理措施落实情况

    4.4　废气治理措施落实情况

    4.5　固体废物治理措施落实情况

    4.6　噪声治理措施落实情况

4.7 应急措施落实情况

4.8 其他环保措施落实情况

5 修复工程质量控制

5.1 污染土壤、地下水修复的达标控制

5.2 开挖后基坑的达标控制

6 结论与建议

7 附件（地理位置图、平面布置图、周边关系图、影像资料、附表、修复工程相关文件等）

第10章 污染场地修复工程环境监理管理系统

10.1 管理系统概况

"污染场地修复工程环境监理管理系统"（图10-1）由江苏省环境科学研究院设计，可服务于污染场地修复工程环境监理行业，实现修复工程环境监理的信息化监管。该系统已在江苏省部分污染场地修复工程环境监理中开展了试运行。在试运行阶段，修复工程相关各方需在使用该系统开展环境监理工作的同时完成纸质表单、文件等相关内容，以确保污染场地修复工程文件资料的完整性和规范性。

图10-1　污染场地修复工程环境监理管理系统

该管理系统包含有环境监理、施工单位、业主单位、监管单位和管理员五种角色，实现污染场地修复工程多方共管。在污染场地修复工程环境监理工作中，各单位根据管理员提供的用户名和密码登录系统，及时、准确地填写相关内容，使用"污染场地修复工程环境监理管理系统"提高环境监理工作质量，业主单位和监管机构也可通过该系统实时动态掌握场地修复工程进度和管理状况，有效提高管理效率。

登录该管理系统后，显示江苏省地图，以各市为区域对修复工程进行基础分类，点击某市后进入该市的修复工程目录。登录首页见图 10-2。

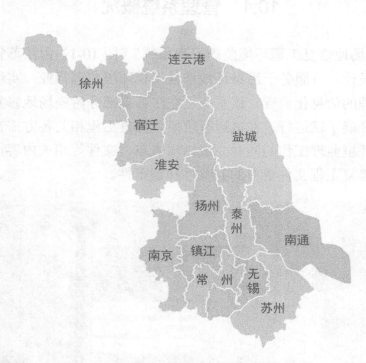

图 10-2 污染场地监管地图

点击进入江苏省某市后出现该区域正在进行的污染场地修复工程环境监理项目目录。以南京市为例，如图 10-3 所示，在该系统下进行了某修复工程环境监理的模拟操作。点击后将进入该修复工程的环境监理管理系统操作界面。

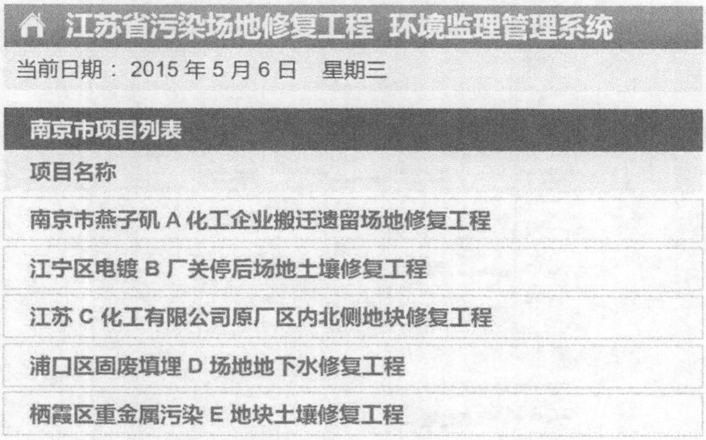

图 10-3　南京市修复工程项目列表

10.2　管理系统功能简介

10.2.1　项目介绍与组织架构

某一具体污染场地的修复工程环境监理在该系统内首先显示项目概况，包括项目名称、项目性质、占地面积、修复工期、修复区域、地理位置等基本信息。污染场地修复工程相关各方信息显示在组织架构中，便于各方掌握联系方式，及时开展修复工程相关联系，更好地服务于修复工程本身。

10.2.2　系统签到

为鼓励和监督修复工程参与各单位和人员使用该软件，在系统中根据不同用户的登录情况进行了签到统计，显示在系统右上角的日历中（图 10-4）。连续三天没有登录该系统开展相关工作的单位或人员将由系统自动发出警告，通知业主单位或环境监理单位。

图 10-4　系统签到示意图

10.2.3　阶段管理

为更好地管理和掌握污染场地修复工程的施工进度，在该系统中专门设置了针对修复工程不同阶段的"阶段轴"（图 10-5），以明确目前修复工程的进展情况。该阶段所经历的时间将以日历的形式展现，便于使用者能够直接地快速查找相关工作记录和信息。

图 10-5　修复工程阶段管理

10.2.4　二次污染防治

二次污染防治是污染场地修复工程中十分重要的工作内容，在该系统中，将二次污染防治分为土壤暂存、土壤运输、大气污染控制、水污染控制、噪声污染控制和固废污染控制六个方面，分别设计了详细的信息填报表格，填报完成后自动添加电子签名，并以最终正式文本供阅读和下载。

10.2.5　质量控制

该系统中设置的污染场地修复工程质量控制主要包括土壤开挖、样品自检、样品第三方检测、已修复土壤填埋、阶段性质量控制五个方面的内容。以样品自检为例，污染场地修复工程施工过程中，修复施工单位、环境监理单位等可对清挖后的基坑以及修复治理后的污染土壤进行自检，以评价清挖及修复是否达到工程要求，并将检测结果上传至该系统备案，为修复工程的顺利实施提供可靠的数据支撑。

10.2.6　实时监控

从污染场地修复工程现实管理需求出发，该系统还留有视频信号接口，具备现场监控功能。基于该功能，环境监理单位、相关主管部门、业主单位等均可通过该系统对修复现场进行远程实时监督和管理，所获得的视频资料将备案保存，使修复实施过程有据可依、有源可溯。

对于污染土壤需异地处置的修复工程，该系统设计开发了运输车辆的 GPS 实施监控。通过在运输车辆上安装 GPS 模块，实时将位置信息传输到该系统，能够清晰掌握污染土壤运输车辆的运行轨迹，监督污染土壤的去向，防止发生随意倾倒事件。GPS 监控示意见图 10-6。

图 10-6　GPS 监控

10.2.7　各方联系

污染场地修复工程环境监理单位在开展工作的过程中会与修复工程各方发生业务联系，如业主单位、施工单位、环境保护主管部门等。在该功能下可完成的工作主要包括业务联系、返工、复工、暂停、费用增加、设计方案报审、污染事故处理方案、竣工报验、支付申请、开工/复工报审以及变更申请等。相关各方可实现电子化联系往来，这与纸质文函往来相比，提升了工作效率和信息安全。

10.2.8　工作记录

污染场地修复工程环境监理单位需要在日常的工作中如实记录工作中发生的情况及发现的问题，可以在"工作记录"功能中实现，主要包括任命总环境监理工程师、日志、月报、重大问题报告等，也可根据需要实现文本打印输出。

10.2.9　项目验收

　　环境监理单位参与修复工程验收工作，需在验收工作结束后将最终的验收意见和验收结果等详细信息录入到该管理系统中，最终在该系统中形成完整的污染场地修复工程环境监理材料。

10.2.10　其他资料

　　污染场地修复工程环境监理管理系统在开展设计时，充分考虑到已设定内容之外的资料在该系统内的上传和共享，单独建立了一级菜单"其他资料"。各方通过已有账号登录到系统后，可在该菜单下上传修复工程相关的各种文件资料（图 10-7），包括文档、图片、视频、音频等，且这些资料均按工作需要和授权，与修复工程其他相关各方共享使用。

图 10-7　工作记录表单目录

参 考 文 献

仓龙，周东美. 2011. 场地环境污染的电动修复技术研究现状与趋势. 环境监测管理与技术，23（3）：57-62.

崔亚伟，刘云根. 2009. 污染地下水原位处理 PRB 技术研究进展. 地下水，31（6）：100-102.

高国龙，蒋建国，李梦露. 2012. 有机物污染土壤热脱附技术研究与应用. 环境工程，30（1）：128-131.

国家卫生和计划生育委员会. 2011. 关于印发全国城市饮用水卫生安全保障规划的通知. 卫监督发[2011] 95 号.

国务院. 2011. 国家环境保护"十二五规划". 国发[2011]42 号.

郝汉舟，陈同斌，靳孟贵，等. 2011. 重金属污染土壤稳定/固化修复技术研究进展. 应用生态学报，22（3）：816-824.

洪坚平. 2005. 土壤污染与防治. 第三版. 北京：中国农业出版社.

环境保护部. 1993. 环境影响评价技术导则-地面水环境. HJ/T 2.3—1993.

环境保护部. 2008. 环境影响评价技术导则-大气环境. HJ 2.2—2008.

环境保护部. 2009. 环境影响评价技术导则-声环境. HJ 2.4—2009.

环境保护部. 2011. 环境影响评价技术导则-地下水环境. HJ 610—2011.

环境保护部. 2011. 环境影响评价技术导则-生态影响. HJ 19—2011.

环境保护部. 2011. 环境影响评价技术导则-总纲. HJ 2.1—2011.

环境保护部. 2011. 关于印发《全国地下水污染防治规划（2011-2020 年）》的通知. 环发[2011]128 号.

环境保护部. 2014. 场地环境调查技术导则. HJ 25.1—2014.

环境保护部. 2014. 场地环境监测技术导则. HJ 25.2—2014.

环境保护部. 2014. 污染场地风险评估技术导则. HJ 25.3—2014.

环境保护部. 2014. 污染场地土壤修复技术导则. HJ 25.4—2014.

环境保护部. 2014. 工业企业场地环境调查评估与修复工作指南（试行）.

环境保护部. 2014. 关于发布 2014 年污染场地修复技术目录（第一批）的公告.

环境保护部，国土资源部. 2014. 全国土壤污染状况调查公报.

环境保护部环境工程评估中心. 2011. 建设项目环境影响评价培训教材. 北京：中国环境科学出版社.

环境保护部环境工程评估中心. 2012. 建设项目环境监理. 第一版. 北京：中国环境科学出版社.

黄昌勇，徐建明. 2000. 土壤学. 第三版. 北京：中国农业出版社.

姜建军. 2007. 中国地下水污染现状与防治对策. 环境保护，（10A）：16-17.

李广贺，李发生，张旭，等. 2009. 污染场地环境风险评价与管理的技术体系. 北京：中国环境科学出版社.

李军，王忠民，张宁，等. 2005. 污泥焚烧工艺技术研究. 环境工程，23（6）：8-52.

李实，张翔宇，潘利祥. 2014. 重金属污染土壤淋洗修复技术研究进展. 化工技术与开发，43（11）：27-31.

李玉双，胡晓钧，孙铁珩，等. 2011. 污染土壤淋洗修复技术研究进展. 生态学杂志，30（3）：596-602.

刘甜甜，陈剑雄，陈晨，等. 2014. 固定/稳定化土壤修复技术的应用与优化分析. 土壤，46（3）：407-412.

骆永明. 2009. 污染土壤修复技术研究现状与趋势. 化学进展，21（2/3）：558-565.

孟凡生，王业耀. 2005. 污染土壤电动修复研究进展. 污染防治技术，18（5）：11-14.

隋红，李洪，李鑫钢，等. 2013. 有机污染土壤和地下水修复. 第一版. 北京：科学出版社.

隋红，李洪，李鑫钢. 2013. 场地环境修复工程师与场地环境评价工程师内部试用培训教材. 第一版. 北京：科学出版社.

田雷，钟建江. 2000. 微生物降解有机污染物的研究进展. 工业微生物，30（2）：
　　46-50.

涂书新，韦朝阳. 2005. 我国生物修复技术的现状与展望. 地理科学进展，23（6）：
　　20-32.

王大纯，张人权，史毅红，等. 1995. 水文地质学基础. 第一版. 北京：地质出版社.

王红旗，刘新会，李国学. 2007. 土壤环境学. 第一版. 北京：高等教育出版社.

王磊，龙涛，张峰，等. 2014. 用于土壤及地下水修复的多相抽提技术研究进展. 生
　　态与农村环境学报，30（2）：37-145.

王澎，王峰，陈素云，等. 2011. 土壤气相抽提技术在修复污染场地中的工程应用.
　　环境工程，29：171-174.

王焰新. 2007. 地下水污染与防治. 第一版. 北京：高等教育出版社.

薛南冬，李发生. 2011. 持久性有机污染物（POPs）污染场地风险控制与环境修复.
　　北京：科学出版社.

杨乐巍，黄国强，李鑫钢. 2006. 土壤气相抽提（SVE）技术研究进展. 环境保护
　　科学，32（6）：62-65.

叶茂，杨兴伦，魏海江，等. 2012. 持久性有机污染场地土壤淋洗法修复研究进展.
　　土壤学报，49（4）：803-814.

张海林，刘甜甜，李东洋，等. 2014. 异位土壤淋洗修复技术应用进展分析. 环境
　　保护科学，40（4）：75-80.

张宗祜，李烈荣. 2005. 中国地下水资源/综合卷. 第一版. 北京：中国地图出版社.

赵金艳，李莹，李珊珊，等. 2013. 我国污染土壤修复技术及产业现状. 中国环保
　　产业，（3）：53-57.

郑西来. 2009. 地下水污染控制. 第一版. 武汉：华中科技大学出版社.

中国建设监理协会. 2011. 建设工程监理概论——2011 全国监理工程师培训考试教
　　材. 北京：知识产权出版社.

中国交通建设监理协会. 2010. 交通建设工程建立培训教材——交通建设工程施工
　　环境保护监理. 北京：人民交通出版社.

朱京海. 2010. 建设项目环境监理概论. 北京：中国环境科学出版社.

Adams J A. 1999. System effects on the remediation of contaminated saturated soils and groundwater using air sparging. Chicago：University of Illinois at Chicago.

Alexander M. 1994. Biodegradation and Bioremediation. San Diego，CA：Academic Press.

Bausmith D S，Campbell D J，Vidic R D. 1996. *In situ* air stripping：Using air sparging and other *in situ* methods calls for critical judgments. Water environment & technology，8（2）：45-51.

Bedient P B，Rifai H S，Newell C J. 1994. Ground Water Contamination：Transport and Remediation. Upper Saddle River：Prentice Hall.

Brown R. 2003. *In situ* chemical oxidation：performance，practice，and pitfalls. San Antonio：AFCEE Technology Transfer Workshop.

Congress US. 1984. Protecting the Nation's groundwaterfrom contamination. OfA-8-233. Washington：US Government Printing Office.

Cookson J T. 1995. Bioremediation engineering design and application. New York：McGraw-Hill，Inc.

Dibble J T，Bartha R. 1979. Rehabilitation of oil-inundated agricultural land：acase history. Soil Science，128（1）：56-60.

Dresel P E，Wellman D，Cantrell K，et al. 2011. Review：Technical and policy challenges in deep vadose zone remediation of metals and radionuclides. Environmental Science & Technology，45（10）：4207-4216.

Federal Remediation Technologies Roundtable.Cost and performance case studies. http://www.frtr.gov/costperf.htm.

Flathman P E，Jerger D E. 1993. Bioremediation field experience. Boca Raton. FL：CRC Press.

Freeman H M. 1989. Standard handbook of hazardous waste treatment and disposal. New York：McGraw-Hill Book Company.

Grasso D. 1993. Hazardous waste site remediation, source control. Boca Raton, FL: CRC Press.

ITRC. 2005. Technical and regulatory guidance for *in-situ* chemical oxidation of contaminated soil and groundwater. 2nd Edition. Online.

Norris R D, Hinchee R E, Brown R A, et al. 1993. *In-situ* bioremediation of ground water and geological material: A review of technologies. EPA/5R-93/124. Ada, OK: USEPA, Office of Research and Development.

Norris R D, Hinchee R E, Brown R A, et al. 1994. Handbook of bioremediation. Boca Raton, FL: CRC Press.

Nyer E K, Suthersan S S. 1993. Air sparging: savior of ground water remediations or just blowing bubbles in the bath tub. Groundwater Monitoring & Remediation, 13 (4): 87-91.

Pope, Daniel F, Matthews J E. 1993. Environmental regulations and technology: Bioremediation using the land treatment concept. EPA/600/R-93/164. Ada, OK: USEPA. Environmental Research Laboratory.

Riser-Roberts E. 1992. Bioremediation of petroleum contaminated sites. NCEL, Port Hueneme, CA: C. K. Smoley Publishers, CRC Press.

Root D K, et al. 2005. Investigation of chlorinated methanes treatability using activated sodium persulfate. Proceedings of the First International Conference on Environmental Science and Technology.

Roy F. 1988. Remedial technologies for leaking underground storage tanks. University of Massachusetts, Amherst. MA: Lewis Publishers. Weston, Inc.

Song H G, Wang X, Bartha R. 1990. Bioremediation potential of terrestrial fuel spills. Applied and Environmental Microbiology, 56 (3): 652-656.

USEPA. Office of Research and Development. ATTIC Downloadable Documents, http://www.epa.gov/bbsnrmrl/attic/documents.html.

USEPA. 1990. International waste technologies/geo-con *in situ* stabilization/solidification.

EPA/540/A5-89/004.

USEPA. 1991a. Guide for conducting treatability studies under CERCLA: aerobic biodegradation remedy screening. EPA/540/2-91/013A.

USEPA. 1991b. Soil vapor extraction technology: reference handbook. EPA/540/2-91/003.

USEPA. 1991c. Guide for conducting treatability studies under CERCLA: soil vapor extraction. EPA/540/2-91/019A.

USEPA. 1992. A technology assessment of soil vapor extraction and air sparging. EPA/600/R-92/173.

USEPA. 1996. A citizen's guide to *in-situ* soil flushing. EPA 542-F-96-006.

USEPA. 1997. Presumptive remedy: supplemental bulletin multi-phase extraction technology for VOCs in soil and groundwater. EPA540-F-97-004 PB97-963501.

USEPA. 2010. Superfund remedyreport: thirteenth edition. EPA-542-R-10-004.

USEPA. 2012. A citizen's guide to *in situ* chemical reduction. EPA 542-F-12-012.

USEPA. 2012. A citizen's guide to monitored natural attenuation. EPA 542-F-12-014.

USEPA. 2013. Superfund remedy report-fourteenth edition. EPA 542-R-13-016.

Watts R J. 2011. Enhanced reactant-contaminant contact through the use of persulfate *in situ* chemical oxidation. SERDP Project ER-1489.

Wisconsin Department of Natural Resources. 1993. Guidance for design, installation and operation of soil venting systems. PUBL-SW185-93. Madison, WI: Emergency and Remedial Response Section.

Wise D L, Trantolo D J. 1994. Remediation of hazardous waste contaminated soils. New York: Marcel Dekker, Inc.

附 表

附表 1　总环境监理工程师任命书

工程名称：　　　　　　　　　　环境监理合同编号：

致：（业主单位）

兹任命（注册监理工程师注册号：）

为修复工程总环境监理工程师，负责履行修复工程环境监理合同。

环境监理单位（盖章）

法定代表人：

年　月　日

附表 2　污染场地修复工程施工组织设计方案报审表

工程名称：　　　　　　　　　　　环境监理合同编号：

致： 　　我方已根据施工合同的有关规定完成了施工组织设计方案的编制，并经我单位上级技术负责人审查批准，请予以审查。 　　附：   　　　　　　　　　　　　　　　　　　　修复施工单位（盖章） 　　　　　　　　　　　　　　　　　　　项目经理： 　　　　　　　　　　　　　　　　　　　　　年　月　日
环境监理单位审核意见：   　　　　　　　　　　　　　　　　　　　环境监理单位（盖章） 　　　　　　　　　　　　　　　　　　　总环境监理工程师： 　　　　　　　　　　　　　　　　　　　　　年　月　日

附表 3 环境监理业务联系单

工程名称：　　　　　　　　　　　环境监理合同编号：

致：

事由：

环境监理单位（盖章）

总环境监理工程师：

年　月　日

抄送：

受理单位签署意见：

施工单位（盖章）

项目经理：

年　月　日

附表4　污染场地修复工程环境监理日志

工程名称：　　　　　　　　　　　　　　　环境监理合同编号：

日期	天气	气温	到达现场时间	离开现场时间

现场巡视情况	1. 场地现状描述（附照片） 2. 3. 4.
环保问题及其处理	
备注	

环境监理工程师：

附表 5 土壤开挖环境监理用表

工程名称：   环境监理合同编号：

日期	天气	气温	到达现场时间	离开现场时间

基坑开挖情况	基坑编号			
	GPS 坐标			
	开挖审核	是否为指定开挖区域：□是/□否		
	开挖时间			
	开挖深度			
	开挖土方量			
	备注			
基坑积水	是否存在	□是/□否		
	抽出时间、水量			
	处理方式（去向）			
现场照片编号（附后）				
备注				

环境监理工程师：

附表6　土壤暂存环境监理用表

工程名称：　　　　　　　　　　　环境监理合同编号：

日期	天气	气温	到达现场时间	离开现场时间

暂存位置	
暂存库环保措施监督 （防渗、密闭等）	

占用面积	
占用期限	

周边 自然环境	类别					
	最小距离					
周边 敏感点	类别					
	最小距离					

暂存土壤土 方量及堆放 进度	

备注	

附件：1. 暂存库构建前的原地形、地貌、植被状况的影像及文字资料
　　　2. 对周边环境的影像和采取的环保措施
　　　3. 暂存库用地使用手续复印件

审核意见：

　　　　　　　　　　　　　　　　　　　环境监理工程师：

附表 7 土壤运输环境监理用表

工程名称： 　　　　　　　　　　　　　　环境监理合同编号：

日期	天气	气温	到达现场时间	离开现场时间

环保部门对污染土壤运输意见（是否同意外运）：	
运输车辆数量	
运输频次	
运输总土方量	
运输路线	 是否按照指定的路线：□是/□否
备注	

环境监理工程师：

附表 8　大气污染控制环境监理用表

工程名称：　　　　　　　　　环境监理合同编号：

日期	天气	气温	到达现场时间	离开现场时间

扬尘情况描述（附图）				
土堆	场地内土堆数量			
	土堆苫盖	苫盖数量： 未苫盖数量：		
	扬尘情况描述（附图）			
大气监测结果				
其他				

场地洒水除尘措施	洒水时间	洒水范围（附图）	

备注	

环境监理工程师：

附表 9　地表水污染控制环境监理用表

工程名称：　　　　　　　　　　　　　环境监理合同编号：

日期		天气	气温	到达现场时间	离开现场时间
设备清洗	清洗设备名称				
	清洗时间				
	清洗废水去向				
地表径流	降水时间				
	地表径流去向				
	是否溢出污染场地	□是/□否			
土壤修复产生废水	废水量				
	水质参数				
	废水去向	是否补充淋洗液：□是/□否 补充量： 是否排入集水池：□是/□否 排入量： 其他去向：			
其他	废水量				
	废水去向				
防渗检查	清洗池	是否完好：□是/□否　　　备注：			
	集水池	是否完好：□是/□否　　　备注：			
	导排系统	是否完好：□是/□否　　　备注：			
备注					
环境监理工程师：					

附表 10　地下水污染控制环境监理用表

工程名称：　　　　　　　　　　环境监理合同编号：

日期	天气	气温	到达现场时间	离开现场时间

地下水流向	
地下水污染控制点位	

	检测因子	检测结果	检测因子	检测结果
地下水检测	温度			
	pH			
	溶解氧			
	氧化还原电位			

备注	

环境监理工程师：

附表 11 噪声污染控制环境监理用表

工程名称：　　　　　　　　　　　　　　环境监理合同编号：

日期	天气	气温	到达现场时间	离开现场时间

时间	噪声来源	噪声污染描述 （如实测分贝值等）	噪声污染控制措施
备 注			

环境监理工程师：

附表 12　固废污染控制环境监理用表

工程名称：　　　　　　　　　　　环境监理合同编号：

日期	天气	气温	到达现场时间	离开现场时间

时间	固废堆放地点	固废情况描述（附图）	固废处置措施
备注			

环境监理工程师：

附表 13 土壤、地下水样品环境监理自检用表

工程名称：　　　　　　　　　　　环境监理合同编号：

日期	天气	气温	到达现场时间	离开现场时间

编号	样品来源	检测结果
备注		

环境监理工程师：

附表 14　土壤、地下水样品第三方检测环境监理用表

工程名称：　　　　　　　　　　　　　　环境监理合同编号：

编号	样品来源	检测单位名称：	
		送样时间	检测结果
备注			

附表 15　污染场地修复工程阶段性质量控制单

工程名称：　　　　　　　　　　　环境监理合同编号：

业主单位			
修复方案 设计单位		修复施工单位	
施工开始日期		质控日期	
工 程 概 况			
质 量 控 制 情 况	检测结果及评语：		
环境监理单位意见： 　　　　　　　　　　环境监理单位（盖章） 　　　　　　　　　　总环境监理工程师： 　　　　　　　　　　　　年　　月　　日			

附表 16　已修复土壤填埋环境监理用表

工程名称：　　　　　　　　　　　　　环境监理合同编号：

土壤原堆放位置	
土壤检测结果	
土壤是否已达修复目标	□是/□否
环保部门对于已修复土壤填埋的审核意见（是否同意填埋）：	
填埋地址	
填埋土方量	
备注	
环境监理单位意见： 　　　　　　　　　　　　　　　　　　环境监理单位（盖章） 　　　　　　　　　　　　　　　　　　总环境监理工程师： 　　　　　　　　　　　　　　　　　　　　年　月　日	

附表 17　污染场地修复工程重大环境问题报告单

工程名称：　　　　　　　　　　　环境监理合同编号：

致： 　年　月　日，在　　　　　　发生重大环境问题，现将现场发生情况结果报告如下，待调查明确后另作详情报告。   　　　　　　　　　　　　　　　　环境监理单位（盖章） 　　　　　　　　　　　　　　　　环境监理工程师： 　　　　　　　　　　　　　　　　　　年　月　日
原因及经过：
环境影响及损失：
应急措施及初步处理意见：   　　　　　　　　　　　　　　　　环境监理单位（盖章） 　　　　　　　　　　　　　　　　总环境监理工程师： 　　　　　　　　　　　　　　　　　　年　月　日

附表 18 污染场地修复工程污染事故处理方案报审单

工程名称：

污染事故：
处理方案：

业主单位（盖章）	施工单位（盖章）	环境监理机构（盖章）
负责人：	项目经理：	总环境监理工程师：
日期：	日期：	日期：

附表 19　污染场地修复工程竣工报验单

工程名称：

致：

我方已按合同要求完成了修复工程，请予以检查和验收。

附件说明：

修复施工单位（盖章）

项目经理：

年　月　日

审查意见：

修复工程

1. 符合/不符合我国现行法律、法规要求；

2. 符合/不符合我国现行工程建设标准；

3. 符合/不符合设计文件要求；

4. 符合/不符合施工合同要求。

环境监理单位（盖章）

总环境监理工程师：

年　月　日

附表 20　污染场地修复工程返工指令单

工程名称：　　　　　　　　　　　　环境监理合同编号：

致： 　　由于本指令单所述原因，通知贵单位按要求予以返工，并确保本返工工程项目达到合同条款中所规定的标准。 　　　　　　　　　　　　　　　　　环境监理单位（盖章） 　　　　　　　　　　　　　　　　　总环境监理工程师： 　　　　　　　　　　　　　　　　　　　　年　月　日	
返工原因：	
返工要求：	
主授文单位签署意见： 　　　　　　　　　　　　　　　　　施工单位（章）： 　　　　　　　　　　　　　　　　　项目经理： 　　　　　　　　　　　　　　　　　　　　年　月　日	

附表 21 污染场地修复工程暂停指令单

工程名称：   环境监理合同编号：

致：

由于本指令单所述原因，通知贵单位按要求予以停工。

环境监理单位（盖章）

总环境监理工程师：

年 月 日

停工原因：

复工要求：

施工单位签署意见：

施工单位（章）：

项目经理：

年 月 日

附表 22　修复工程开工/复工报审表

工程名称：　　　　　　　　　　环境监理合同编号：

| 致： |
| 我方承担的修复工程已完成了以下各项工作，具备了开工/复工条件，特此申请施工，请核实并签发开工/复工指令。 |
| 附件： |
| 1. 开工/复工报告 |
| 2. 证明文件 |
| |
| |
| 修复施工单位（章） |
| 项目经理 |
| 年　月　日 |
| 审查意见： |
| |
| |
| |
| 环境监理单位（盖章） |
| 总环境监理工程师： |
| 年　月　日 |

附表 23　污染场地修复工程复工指令单

工程名称：　　　　　　　　　　环境监理合同编号：

致： 由于本指令单所述原因，通知贵单位按要求予以复工。   　　　　　　　　　　环境监理单位（盖章） 　　　　　　　　　　总环境监理工程师： 　　　　　　　　　　　　　年　月　日
复工要求：
情况说明：
施工单位签署意见：   　　　　　　　　　　施工单位（章）： 　　　　　　　　　　项目经理： 　　　　　　　　　　　　　年　月　日

附表 24　污染场地修复工程变更申请单

工程名称：　　　　　　　　　　　　　环境监理合同编号：

申请单位		工程名称	
设计单位		修复单位	
申请修改理由： □业主要求　　　　　□修复区域变更　　　　□发现新的污染区域 □修复方案变更　　　□其他 　　　　　　　　　　　　　　　　　　　　　项目经理： 　　　　　　　　　　　　　　　　　　　　　　年　月　日			
环境监理工程师初审意见： 建议修改方式：□自行修改　　　□通知设计单位修改　　　□另行委托 签名： 　　　　　　　　　　　　　　　　　　　　　　年　月　日			
环境监理单位审核意见： 总环境监理工程师： 　　年　月　日		业主单位意见： 业主签章： 　　　年　月　日	
设计修改情况记录（附件）		修复施工单位意见： 项目经理： 　　　年　月　日	

附表 25 污染场地修复工程环境监理月报

工程名称：　　　　　　　　　　　环境监理合同编号：

工程基本情况	业主单位		负责人	
	施工单位		项目经理	
	环境监理单位		总环境监理工程师	
	修复方案设计单位			
	环境监理月报时间			
	修复工程施工进展			
污染控制措施	大气污染控制			
	水污染控制			
	噪声污染控制			
	固废污染控制			
	备注			
环境监理机构意见： 　　　　　　　　　　环境监理单位（盖章） 　　　　　　　　　　总环境监理工程师： 　　　　　　　　　　　　　　年　月　日				